Las semillas

Marta García-Díaz, Cristina Nieto García
y Marina Palancar

 CSIC

CATARATA

Colección ¿Qué sabemos de?

CATÁLOGO DE PUBLICACIONES DE LA ADMINISTRACIÓN GENERAL DEL ESTADO:
https://cpage.mpr.gob.es

© Marta García-Díaz, Cristina Nieto García y Marina Palancar, 2026
© CSIC, 2026
  http://editorial.csic.es
  editorialcsic@csic.es
© Los Libros de la Catarata, 2026
  Zurbano, 76
  28010 Madrid
  Tel. 91 532 20 77
  www.catarata.org

ISBN (CSIC): 978-84-00-11581-4
ISBN ELECTRÓNICO (CSIC): 978-84-00-11582-1
ISBN (CATARATA): 978-84-1067-594-0
ISBN ELECTRÓNICO (CATARATA): 978-84-1067-595-7
NIPO: 155-26-052-4
NIPO ELECTRÓNICO: 155-26-053-X
DEPÓSITO LEGAL: M-8.823-2026
THEMA: PDZ/PSTB

Índice

Introducción

> "Sembrad varias semillas de la misma especie vegetal en terrenos y climas distintos, dejadlas que germinen, crezcan, fructifiquen y se reproduzcan indefinidamente, cada cual en un distinto suelo: cada una se adaptará a su terreno propio, y tendréis así diversas variedades de la misma especie, tanto más diversas cuanto más diferentes sean entre sí las condiciones de cada clima".
>
> HIPPOLYTE TAINE (1828-1893), filósofo e historiador francés

Enhorabuena por haber decidido abrir estas páginas, pues estás a punto de iniciar un viaje para descubrir un mundo fascinante y, a menudo, desconocido para la mayoría. Hablamos de las semillas, esas pequeñas estructuras que contienen en su interior una información de gran valor sobre la evolución y adaptación de las plantas, así como sobre los mecanismos sofisticados que han desarrollado a lo largo de los siglos para sobrevivir, reproducirse y prosperar en los entornos más diversos. Al explorar su mundo, podremos comprender mejor la naturaleza, la agricultura y la increíble diversidad de las formas de vida que nos rodean.

Comencemos este viaje recordando nuestra época escolar. ¿Quién no se acuerda de aquel día en clase de ciencias naturales en el que sembramos una judía, un garbanzo o unas lentejas en un vasito de yogur con algodón? Y, sobre todo, ¿quién no sintió la ilusión de ver día tras día cómo esa pequeña semilla brotaba gracias a nuestros cuidados? Sin duda, en ese momento fuimos testigos de un proceso que se repite desde el principio de los tiempos y que ha permitido a la humanidad avanzar hasta el mundo actual.

Las crisis ambientales provocadas por el cambio climático han reafirmado la importancia de fomentar y conservar la biodiversidad. Las semillas son la clave de los procesos de creación, renovación y regeneración biológica. Por eso, es vital estudiar, proteger y transmitir este potencial a las generaciones futuras. Al conservar la diversidad genética de las semillas podemos regenerar ecosistemas, alimentar y curar a personas y animales, y asegurar nuestra supervivencia en el planeta.

En este libro queremos mostrar el papel indispensable que desempeñan las semillas en nuestra vida cotidiana, en la agricultura, en la historia de las civilizaciones y en los descubrimientos científicos. Hablaremos de la agricultura, la biodiversidad y los recursos fitogenéticos, de cómo surgieron los primeros almacenes de semillas a lo largo de la historia y de cómo funcionan los bancos actuales. También repasaremos, de manera resumida, las políticas que han impulsado el compromiso mundial para protegerlas y salvaguardarlas. Nuestro deseo es que este libro funcione como una auténtica semilla y despierte en quien lo lea un verdadero interés por la conservación de la biodiversidad.

CAPÍTULO 1

Mitología, civilizaciones y festivales

Desde sus orígenes, los seres humanos han intervenido en su entorno con el fin de regularlo y generar la diversidad necesaria para su subsistencia. La práctica de recolectar y conservar semillas de plantas para volver a sembrarlas en temporadas posteriores se remonta a los primeros contactos de la humanidad con la naturaleza. A lo largo de la historia, la supervivencia de innumerables comunidades de todo el mundo ha dependido de esta práctica, al tiempo que ha contribuido a la identidad cultural y a la generación de la biodiversidad. En la actualidad, el cambio climático, la agricultura industrial y la inseguridad alimentaria plantean nuevos retos y desafíos, por lo que el papel de las semillas se revela más importante que nunca. En este libro, exploraremos su historia, su papel fundamental en la agricultura y la forma en que contribuyen a la resiliencia de los sistemas agrícolas y a la sostenibilidad medioambiental.

La mayoría de las plantas producen una gran cantidad de semillas para garantizar la supervivencia de su especie. Cada semilla que sobrevive es capaz de producir una planta que, a su vez, producirá más semillas y plantas. En su interior, la semilla alberga sus propias reservas para su desarrollo y las instrucciones que indican cuándo y dónde debe producirse la siguiente fase de crecimiento. Las semillas también viajan, pues están diseñadas para dispersarse y esparcirse utilizando otras fuerzas de la naturaleza, como el viento, el agua y los animales. Y, por último, el ser humano: los campesinos y campesinas que iniciaron los caminos de la agricultura escucharon los ritmos de la tierra y aprendieron a sembrar con ella, creando así saberes ancestrales que transformaron el paisaje y sustentaron la vida de generaciones enteras.

Deméter y Ceres, las diosas de la agricultura

En la mitología griega, Deméter es la diosa de la agricultura, las cosechas y la fertilidad. Conocida por los romanos como Ceres, se dice que enseñó a la humanidad el arte de cultivar la tierra, cómo sembrar el trigo y elaborar el pan que nos ha alimentado desde entonces. Vivía feliz con su hija Perséfone hasta que su tío Hades, el dios del inframundo, la raptó y se la llevó a la fuerza para convertirla en su esposa. Desesperada por la pérdida de su hija, Deméter descuidó la tierra y las plantas se marchitaron, las cosechas perecieron y el mundo quedó sumido en la esterilidad. Ante esta catástrofe, Zeus intervino para ordenar a Hades que devolviera a Perséfone. Antes de dejarla marchar, Hades la engañó para que comiera semillas de granada, el alimento del inframundo, lo que la condenó a regresar cada año durante una temporada. Cuando Perséfone retornaba al mundo de los vivos, Deméter devolvía la vida a la tierra, las plantas florecían y llegaban la primavera y el verano. En cambio, cuando Perséfone descendía de nuevo al inframundo, la tristeza de Deméter cubría la tierra y daba paso al otoño y al invierno. Las representaciones de este mito en la historia del arte son numerosas (figura 1). En el Museo del Prado se puede contemplar *El rapto de Proserpina* (1636-1637), una pintura barroca de Rubens que representa el secuestro de la Perséfone romana.

Este mito simboliza el ciclo natural de la muerte y el renacimiento, y explica el origen de los cambios estacionales. Perséfone representa la constante renovación de la naturaleza y la esperanza del retorno de la vida tras el invierno. Para algunos historiadores modernos, el episodio de la desaparición de Perséfone puede interpretarse como una alegoría de las prácticas agrícolas antiguas, en particular la costumbre de enterrar las semillas en verano para protegerlas de la desecación y sembrarlas más tarde, en otoño. Los principales símbolos con los que se representan a Deméter y a Ceres en el arte son las espigas de trigo y la antorcha: las espigas simbolizan la fertilidad y la vida mientras que la antorcha evoca la incansable búsqueda de Perséfone emprendida por Deméter. La mitología, al igual que los libros sagrados como la Biblia y el Corán, refleja la importancia de las semillas como origen de la vida, símbolo de fertilidad y garantía de la continuidad de la naturaleza y de la humanidad.

FIGURA 1
Johann Ulrich Krauss, *El rapto de Proserpina*, lámina 77, libro V, de Die Verwandlungen des Ovidii, 1690. Grabado en cobre.

La transición de las plantas silvestres a las cultivadas sucedió mucho tiempo antes del nacimiento de la mitología y constituyó uno de los mayores logros de la humanidad. En el Neolítico, hace aproximadamente unos 12 000 años, las primeras comunidades agrícolas del Creciente Fértil, la región histórica de Oriente Próximo del levante mediterráneo y Mesopotamia. Comenzaron a recolectar, seleccionar y replantar las semillas de aquellos cereales cuyos granos eran más grandes, tenían los tallos más resistentes y podían predecir sus patrones de crecimiento. Con el tiempo, observaron que ciertas plantas eran más fáciles de cosechar y conservar que otras, lo que los llevó a seleccionar de forma intencionada las características más ventajosas. Este proceso marcó el comienzo de la domesticación agrícola, mediante la cual las hierbas silvestres dieron origen al trigo, a la cebada y las pequeñas bayas en frutos jugosos.

El legado de las semillas en la historia

La historia de las semillas es, por tanto, la historia de la capacidad de supervivencia e innovación del ser humano. En muchos sentidos, la semilla es un microcosmos en sí misma, es una estructura de éxito evolutivo que alberga un organismo vivo capaz de llevar a cabo casi todos los procesos que tienen lugar en la planta adulta. Aunque a menudo hayan pasado desapercibidas, las semillas han moldeado nuestras sociedades desde tiempos remotos, mucho antes de que surgieran las primeras ciudades en los antiguos valles fluviales, al hacer posible la agricultura, el sedentarismo y el desarrollo de las primeras culturas humanas. Gracias al estudio de las semillas y las plántulas en germinación, hemos adquirido gran parte de nuestros conocimientos sobre reguladores del crecimiento, respiración, división celular, morfogénesis, fotosíntesis y otros procesos fundamentales de la vida vegetal. Las civilizaciones antiguas desarrollaron sistemas complejos y planificados para la conservación de las semillas, conscientes de que de ellas dependían la alimentación y la supervivencia colectiva. Por este motivo, las semillas se consideraban un bien de valor incalculable, incluso más preciado que el oro, ya que aseguraban la continuidad de la vida, la estabilidad de las comunidades y el futuro de las generaciones venideras.

Aprender a cultivar y conservar las semillas abrió las puertas de la agricultura primitiva y, con el tiempo, de la civilización. A medida que las personas aprendieron a sembrar, plantar, cosechar y conservar las semillas de los cereales para el invierno, abandonaron la vida nómada y comenzaron a construir asentamientos permanentes. Todas las grandes civilizaciones a lo largo de la historia se han basado en el cultivo de cereales, ya que estos alimentos básicos son ricos en nutrientes y se pueden almacenar fácilmente. Desde el trigo y la cebada hasta el maíz y el arroz, estos granos permitieron a las sociedades producir excedentes y sustentar las poblaciones que estaban creciendo, lo que llevó al desarrollo de estructuras sociales complejas. En muchas culturas antiguas, la conservación de semillas no era solo una práctica agrícola, sino un acto con un gran significado sagrado que simbolizaba el vínculo entre los seres humanos y la tierra, y que aseguraba la continuidad de la vida y el bienestar de las generaciones futuras.

En las culturas indígenas americanas, las prácticas de conservación de las semillas estaban entrelazadas con las creencias espirituales y las tradiciones familiares que se transmitían de generación en generación. Las semillas representaban no solo el sustento, sino también la sabiduría y los conocimientos de los antepasados. Gracias a la observación y a la selección a lo largo del tiempo, los campesinos consiguieron desarrollar cultivos que eran muy diferentes de sus antepasados silvestres. Un ejemplo es el teosinte, el pariente silvestre del maíz, que fue domesticado en Mesoamérica hace aproximadamente 9000 años. El teosinte tiene varios tallos ramificados y numerosas mazorcas pequeñas, con solo dos hileras de granos cada una. En cambio, el maíz tiene un tallo robusto y desarrolla una o pocas mazorcas de gran tamaño situadas en la parte central de la planta, con los granos organizados en múltiples hileras. Las diferencias observadas en el maíz, especialmente el considerable desarrollo de la mazorca, con granos grandes y nutritivos, son el resultado directo de su prolongado proceso de domesticación por parte de las sociedades humanas a lo largo de miles de años (figura 2). De hecho, si camináramos por el sur de México, centro de origen del maíz, probablemente no reconoceríamos al teosinte como el antecesor del maíz moderno, ya que ha sido tan profundamente transformado por la mano humana.

FIGURA 2
A la izquierda, semillas y mazorca de teosinte (*Zea* spp.), ancestro silvestre del maíz. A la derecha, mazorca y semillas de maíz comercial (*Zea mays* L.).

FUENTE: IMAGEN CEDIDA POR EL LABORATORIO DE MALHERBOLOGÍA DEL DEPARTAMENTO DE PROTECCIÓN VEGETAL DEL INIA-CSIC.

Las civilizaciones antiguas idearon también muchos métodos ingeniosos para almacenar y proteger sus semillas, asegurando así su supervivencia durante las épocas más difíciles y sentando las bases de la agricultura. En Mesopotamia y Egipto elaboraron vasijas de arcilla y recipientes sellados que estaban diseñados para proteger las semillas de la humedad, de las plagas y de las variaciones de temperatura, garantizando así su viabilidad a lo largo del tiempo. Estos recipientes no solo eran funcionales, sino que también reflejaban conocimientos avanzados sobre conservación y almacenamiento. Para aumentar su eficacia, solían enterrarse en lugares frescos y secos, donde podían mantenerse en buenas condiciones durante meses e incluso años. Gracias a esta práctica, las comunidades antiguas podían planificar sus siembras, garantizar la producción de alimentos y sentar las bases de la agricultura organizada, lo que a su vez permitió el crecimiento de las primeras civilizaciones.

En el sur de Anatolia (Turquía) se halla el yacimiento de Çatal Höyük, considerado uno de los asentamientos más antiguos del mundo. En él se han encontrado restos de granos de legumbres y cereales almacenados en recipientes de cerámica dentro de las viviendas, lo que evidencia avanzadas prácticas de conservación y planificación agrícola. Durante las excavaciones, un equipo de arqueólogos descubrió los restos de una hogaza de pan dentro de un horno parcialmente derruido. Tras someterla a diversos análisis, los investigadores confirmaron que se trataba del pan más antiguo encontrado hasta la fecha, con aproximadamente 8600 años de antigüedad, y que ofrece un testimonio directo de la producción y el consumo de alimentos en las primeras sociedades agrícolas.

En la antigua China, las semillas se guardaban en frascos de cerámica sellados que, a menudo, contenían hierbas aromáticas y ceniza. Estos elementos no eran meramente decorativos, sino que ayudaban a repeler de forma natural a los insectos y a proteger los granos de la humedad, lo que garantizaba que mantuvieran su capacidad para germinar durante largos periodos de tiempo. Este método refleja el profundo conocimiento de los principios básicos de conservación que se desarrolló hace miles de años para garantizar la seguridad alimentaria. En la cultura de Yangshao, que se extendía a lo largo del curso medio del río Amarillo en China, se han descubierto silos subterráneos revestidos con cerámica en los que se almacenaban semillas de mijo, trigo, arroz y cáñamo, lo que evidencia la existencia de técnicas avanzadas de conservación para mantener los granos durante el invierno hace alrededor de 4500 años.

Además, muchas comunidades de distintas regiones del mundo aplicaban otras técnicas para preservar las semillas, como el ahumado. Este proceso consistía en exponer los granos a cantidades controladas de humo, lo que ayudaba a prevenir las infestaciones de plagas y a retrasar la descomposición, lo que prolongaba la viabilidad de las semillas. Estas prácticas demuestran que, aunque los materiales y métodos variaban según el entorno, todas las sociedades preindustriales comprendían la importancia de proteger sus recursos agrícolas. Al almacenarlas de manera segura, podían planificar las siembras, hacer frente a periodos de escasez y garantizar la continuidad de sus comunidades. Estos métodos probados a lo largo del tiempo sentaron las bases de las técnicas modernas de conservación de semillas, y muchas de estas prácticas siguen utilizándose hoy en día por los agricultores tradicionales.

Nos vamos de festival

A lo largo de la historia, comunidades de todo el mundo han honrado las semillas con festivales y encuentros que rinden homenaje a los ciclos de la siembra y la cosecha. Estas celebraciones, estrechamente vinculadas a los calendarios agrícolas, cumplen una doble función: por un lado, son espacios para el intercambio de semillas y conocimientos, y, por otro, son rituales con profundo significado espiritual. En muchas culturas indígenas, las ceremonias sagradas dedicadas a las semillas siguen vigentes y ponen de manifiesto la íntima y respetuosa relación entre las personas, las plantas y la tierra.

El festival Pongal, que se celebra en el sur de la India, es una festividad agrícola que marca el final de la cosecha y tiene lugar durante el solsticio de invierno. Está dedicado al dios del Sol, Surya, y en él se honran las semillas, la tierra y el sol mediante rituales comunitarios y alimentos compartidos. La fiesta del ñame, que se celebra en África Occidental (Costa de Marfil,

Ghana, Togo, Benín y Nigeria), es una celebración agrícola y espiritual que marca el inicio de la cosecha, momento en el que la comunidad expresa su gratitud hacia la tierra, los antepasados y las divinidades. El ñame, símbolo de fertilidad y prosperidad, ocupa un lugar central en la vida cultural y alimentaria de la región. Esta festividad refuerza la unidad social a través de rituales, danzas, cantos y comidas compartidas, y permite la transmisión de conocimientos y valores tradicionales. Además de su dimensión espiritual, cumple una función social y política al fortalecer la cohesión comunitaria y promover la paz.

De manera similar, el Festival de las Tres Hermanas, celebrado por diversos pueblos nativos americanos, rinde homenaje a la siembra conjunta de maíz, frijoles (judías) y calabazas, un sistema agrícola ancestral basado en la complementariedad y el equilibrio ecológico. Estos cultivos, considerados hermanos por su capacidad de crecer y protegerse mutuamente, simbolizan valores fundamentales como la cooperación, la interdependencia y el respeto por los ciclos naturales. La celebración incluye ceremonias de agradecimiento, cantos, danzas y relatos orales que transmiten el conocimiento agrícola y espiritual de generación en generación.

En los Andes, las asociaciones campesinas se reúnen cada año en ceremonias dedicadas a la Pachamama, la Madre Tierra, para agradecerle su fertilidad y pedirle protección para el nuevo ciclo agrícola. Durante estos encuentros, se intercambian semillas de maíz, quinoa y otros cultivos y se comparten los conocimientos tradicionales sobre la siembra, el cuidado del suelo y la conservación de la biodiversidad. Estas prácticas rituales no solo fortalecen la producción agrícola, sino que también reafirman el vínculo profundo entre las comunidades andinas, la tierra que las sustenta y su herencia cultural colectiva.

Los intercambios de semillas, que antes se realizaban de manera informal en las comunidades agrícolas, ahora son eventos organizados que reúnen a un público diverso. Estos encuentros no solo facilitan el trueque de semillas, sino que también son espacios para compartir hoy en día los conocimientos, las técnicas agrícolas tradicionales y las experiencias sobre el cultivo sostenible. En España existen numerosas iniciativas de este tipo. Entre ellas, destaca la Fiesta de la Semilla, que se celebra cada año en el huerto del Parque del Retiro de Madrid para celebrar la llegada de la primavera con un intercambio de semillas además de diversas actividades y talleres centrados en la conservación y el cultivo de variedades tradicionales. En 2025, se celebró por primera vez el Intercambio de Semillas Agrícolas Tradicionales en el Agulo BioFest, en La Gomera, mientras que el Festival de las Semillas de Cuevas del Becerro (Málaga) ya ha celebrado diez ediciones, consolidándose como un referente en la promoción de la biodiversidad agrícola y la cultura de las semillas. Solo hace falta encontrar el festival más cercano y participar en él para adentrarnos en el fascinante mundo del intercambio de semillas, un espacio donde se encuentran y cobran vida la tradición, la biodiversidad y la creatividad.

CAPÍTULO 2

Biología de las semillas

Una semilla es, en esencia, una planta en estado embrionario protegida por una cubierta. Sin embargo, esta definición resulta insuficiente, ya que las semillas son mucho más complejas que eso, son estructuras compuestas por varios compartimentos genéticamente distintos, que se desarrollan de forma coordinada para garantizar la supervivencia de la futura planta. En su interior, además del embrión, almacenan energía en forma de almidón, lípidos y proteínas. Esta despensa interna tiene un papel crucial durante la germinación, pues proporciona al embrión los nutrientes necesarios para desarrollarse y establecerse cuando las condiciones del entorno son favorables. Estas reservas no solo son esenciales para las plantas, sino que son la piedra angular de la agricultura, ya que nos suministran alimentos y moléculas de valor industrial. El arroz, el trigo y el maíz no solo son semillas, sino que podemos considerarlas una especie de plantas en potencia. En resumen, las semillas no solo dan origen a las plantas, sino que también alimentan al mundo. En este capítulo vamos a descubrir cómo está formada una semilla, cómo se desarrolla y el sorprendente proceso de la germinación, el instante en que comienza la vida de una nueva planta.

Un poco de evolución

A lo largo de millones de años, la evolución ha generado una enorme diversidad en el reino vegetal. No entraremos en todos los detalles, pero una de las clasificaciones taxonómicas más importantes se basa en la forma de reproducción de las plantas: las más antiguas en la escala evolutiva se reproducen mediante esporas y son más comunes en los ambientes húmedos, como los helechos. Más adelante se produjo un gran avance evolutivo con la aparición de las espermatofitas o plantas con semillas. Dentro de estas últimas existen más divisiones: las gimnospermas y las angiospermas. Las primeras hacen alusión a las plantas con semilla desnuda, es decir que no están protegidas por un fruto. Las gimnospermas fueron las pioneras en la evolución vegetal y desarrollaron semillas contenidas en estructuras llamadas conos y piñas y que podemos reconocer en los pinos, abetos, cipreses, etc.

Posteriormente aparecieron las angiospermas o plantas con flores. Su nombre proviene del griego y significa "semillas encerradas", pues están contenidas dentro de un fruto, que a su vez proviene de una flor. Las angiospermas constituyen el grupo vegetal más diverso, con más de 250 000 especies adaptadas a casi todos los ambientes del planeta y sus semillas reflejan esa diversidad: hay semillas de todos los tamaños y colores, de sabores deliciosos o venenosas, pegajosas, secas, con pulpa, con alas, con espinas, etc. La variedad es casi infinita y responde a las estrategias evolutivas que las han moldeado para garantizar la supervivencia y dispersión de las especies vegetales. En este libro vamos a profundizar sobre las semillas típicas de las angiospermas.

El comienzo de la vida vegetal: la formación de las semillas

Las semillas son gametos femeninos fecundados y maduros, listos para dar lugar a una nueva planta. Contienen todo lo necesario para garantizar la continuidad de la vida vegetal: protegen al embrión y le proporcionan los nutrientes que necesita para desarrollarse y convertirse en una planta adulta. Además, su función no se limita a la reproducción, ya que son claves para la dispersión de las especies, lo que permite que las plantas lleguen a nuevos territorios, colonicen diferentes ecosistemas y conserven su diversidad genética a lo largo del tiempo.

FIGURA 3
Partes de la flor.

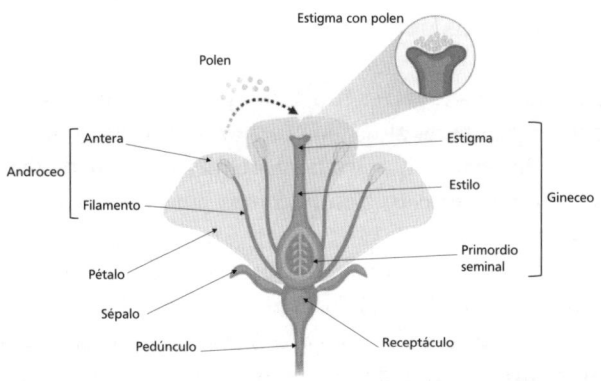

FUENTE: ELABORACIÓN PROPIA.

Todo comienza con un proceso único, descubierto en 1898 por el botánico ruso Sergey Gavrilovich Navashin y conocido como doble fecundación. Se trata de una estrategia reproductiva muy eficiente de las angiospermas para formar al mismo tiempo el embrión y el tejido que lo alimentará dentro de la semilla. El proceso comienza cuando un grano de polen llega al estigma de la flor, la parte superior del pistilo. Allí, el polen germina y desarrolla el tubo polínico que crece hacia el interior del ovario (figura 3). Dentro del tubo polínico viajan dos núcleos espermáticos que al llegar al saco embrionario se liberan para cumplir dos funciones: uno se fusiona con el gameto femenino y origina el cigoto que da origen al embrión y el otro se une con dos núcleos polares para generar una célula triploide que origina el endospermo, un tejido nutritivo que alimenta al embrión en el desarrollo. Lo más notable e interesante es que el endospermo solo se desarrolla si la fecundación es exitosa, es decir, se evita desperdiciar energía en producir reservas inútiles. Gracias a este sistema, las semillas de las angiospermas tienen el alimento garantizado y una mayor capacidad de dispersarse y sobrevivir en diferentes ambientes y condiciones, lo que explica por qué este grupo de plantas es el más numeroso del planeta.

¿Para qué sirven las semillas?

Las semillas desempeñan tres funciones primordiales: la propagación de la planta, el almacenamiento de los nutrientes y la protección del embrión. Para comprender de manera más profunda su funcionamiento, empecemos por conocer su estructura y composición.

El embrión es una planta en miniatura en estado latente. Su estructura es sencilla: está formado por una raíz embrionaria o radícula, un tallo conector o hipocotilo y una o dos hojas embrionarias o cotiledones. Según la especie, puede desarrollarse un solo cotiledón (monocotiledóneas, como el trigo, el arroz o el maíz) o dos (dicotiledóneas, como el tomate, el melón o las lentejas) (figura 4). Los cotiledones alimentan al embrión con los nutrientes necesarios para que se pueda iniciar la germinación. Envolviendo al embrión se encuentra el endospermo, otro de los tejidos de reserva presente en la mayoría de las semillas, además de los cotiledones, donde se almacenan gran parte de los nutrientes.

El endospermo contiene principalmente almidón y proteínas, pero también puede almacenar lípidos y vitaminas. Gracias al endospermo, algunas semillas son una fuente de alimento tanto para los animales como para los seres humanos, ya que este se muele para hacer harina, como sucede con las semillas del trigo, o bien sirve para producir cerveza, como ocurre con las semillas de la cebada. Otro ejemplo es el coco, del cual aprovechamos tanto el endospermo líquido, conocido como leche de coco, como el endospermo sólido, que constituye la pulpa o carne del fruto. Pero no todas las semillas tienen endospermo, ya que, en algunas especies, como es el caso de las leguminosas, este se absorbe por completo al madurar y son los cotiledones los que se encargan de alimentar al embrión durante la germinación. Además, existen otros tejidos de reserva, como el perispermo, de origen distinto al endospermo, ya que proviene exclusivamente del tejido materno y no de la doble fecundación. En la mayoría de las semillas, el perispermo no llega a desarrollarse por completo y es absorbido por el embrión. Sin el endospermo, el perispermo se convierte en el principal tejido de reserva en especies como el café, la pimienta negra y la remolacha.

<small>Figura 4</small>
**Estructura de una semilla de cereal (A)
y una semilla de leguminosa (B).**

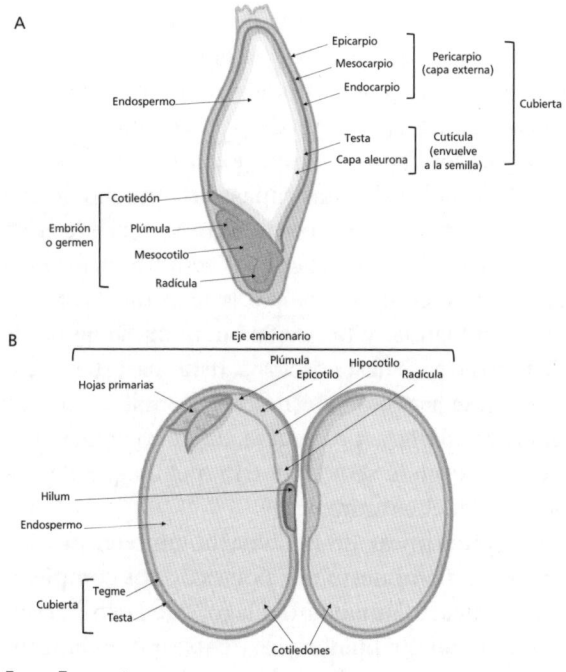

<small>Fuente: Elaboración propia.</small>

Una vez germinada, la plántula se nutre de forma heterótrofa gracias a las reservas de la semilla (los cotiledones, en el caso de las semillas exalbuminadas, o el endospermo, en el caso de las semillas endospermadas), ya que todavía no posee órganos fotosintéticos plenamente funcionales. En las plantas con germinación epigea, los cotiledones emergen sobre el suelo y pueden comenzar a realizar la fotosíntesis. En las plantas con germinación hipogea, los cotiledones permanecen bajo tierra y la nutrición autótrofa no comienza hasta que se desarrollan las primeras hojas verdaderas. A partir de ese momento, la plántula deja de depender de las reservas de la semilla y pasa progresivamente a una nutrición autótrofa, es decir, es capaz de realizar la fotosíntesis y producir sus propios compuestos orgánicos (azúcares) a partir de materia inorgánica (agua y CO_2), gracias a la energía que aporta la luz solar.

Por último, encontramos la cubierta de la semilla, cuya función principal es proteger al embrión de la desecación y de posibles daños mecánicos y ataques de patógenos. Además, actúa como una barrera que controla la entrada de agua y el intercambio de gases y regula el momento óptimo de la germinación. Esta envoltura protectora deriva del tejido materno y está formada por dos capas, la testa (exterior) y el tegmen (interior). La composición de estas capas varía mucho de una especie a otra: pueden contener ceras, lignina o celulosa en distintas proporciones. La cubierta de las semillas determina características visibles, como el color o la textura. Puede ser lisa, rugosa, dura o blanda, y presentar una amplia gama de colores, desde tonos claros hasta oscuros. Estas características no solo influyen en el aspecto externo de la semilla, sino que también pueden ayudarla a protegerse de condiciones ambientales adversas, como la sequía, el frío o el ataque de microorganismos y pequeños animales.

Las células epidérmicas de la cubierta también pueden producir un hidrogel compuesto por polisacáridos complejos (pectina y hemicelulosa) llamado mucílago, que además contiene proteínas, minerales y lípidos y es de naturaleza hidrofílica. Las semillas y frutos mucilaginosos suelen pertenecer a plantas que crecen en hábitats secos, como desiertos o estepas. Entre las plantas comestibles, muchas tienen semillas mucilaginosas, como el lino, la chía o los berros. Un ejemplo cotidiano que podemos observar fácilmente son las semillas de tomate, que están rodeadas de una capa viscosa y gelatinosa que es el mucílago. Su biosíntesis implica una red de enzimas (principalmente glicosiltransferasas) y factores de transcripción que coordinan la producción, la modificación y la deposición en capas de los polisacáridos, que pueden variar mucho de una especie a otra, pero que suelen incluir ramnogalacturonano, xilanos, mananos y glucanos.

El mucílago desempeña un papel fundamental en la adaptación de las plantas a diferentes entornos y condiciones adversas, ya que contribuye a mantener la hidratación de las semillas durante la germinación cuando el agua escasea. También participa en la dispersión de las semillas, ya sea protegiéndolas durante su paso por el tracto digestivo de los animales o influyendo en su capacidad de hundirse o flotar en el agua. El mucílago promueve interacciones beneficiosas con otros organismos, como con los microorganismos beneficiosos de la rizosfera que lo utilizan como fuente de carbono, pero también puede ser perjudicial al atraer a ciertos patógenos a las semillas.

En algunos casos, la cubierta de la semilla se transforma o se adapta para facilitar su dispersión. Así, se forman estructuras especiales que ayudan a que las semillas se alejen de la planta madre y puedan colonizar nuevos lugares donde germinar. Un ejemplo muy conocido son las alas de las semillas de los arces y los olmos. Estas alas actúan como pequeñas superficies que atrapan el aire, haciendo que la semilla gire o planee al caer, por lo que el viento puede transportarla cierta distancia. Gracias a esta adaptación, el viento actúa como un agente de dispersión muy eficaz. Este mecanismo hace que las semillas se distribuyan por áreas más amplias, lo que reduce la competencia entre las plantas jóvenes y aumenta las probabilidades de que algunas encuentren condiciones adecuadas para crecer y desarrollarse. Así, la diversidad de formas y estructuras de las cubiertas de las semillas resulta fundamental para la supervivencia y la expansión de muchas especies vegetales.

La germinación: la semilla se despierta y crece hacia la luz

La germinación de las semillas es el primer paso en la vida de una planta. Comienza normalmente tras un periodo de reposo conocido como latencia o dormición (que veremos más adelante), cuando el embrión absorbe agua, lo que provoca la rehidratación y expansión de sus células y se completa cuando la radícula atraviesa la cubierta. Poco después de que comience esta absorción de agua, llamada imbibición, se incrementa la tasa de respiración y se reanudan los distintos procesos metabólicos que estaban bajo mínimos durante la dormición (figura 5).

Figura 5
Diferentes estadios del crecimiento de una planta de judía (*Phaseolus vulgaris* L.).

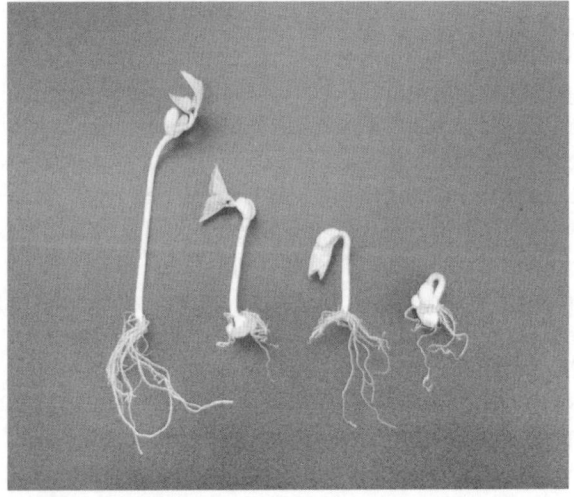

Fuente: Elaboración propia.

Estos cambios van además acompañados de modificaciones estructurales en los orgánulos, las estructuras celulares encargadas del metabolismo. La mayoría de las semillas tienen un metabolismo muy lento cuando están maduras, lo que las mantiene en un estado de latencia: están vivas, pero no crecen ni son fisiológicamente activas y pueden permanecer así durante muchos años. De hecho, hay numerosos ejemplos de semillas antiguas provenientes de yacimientos arqueológicos que los equipos científicos han conseguido revivir. En 2025, un grupo ruso logró germinar semillas de una planta silvestre, *Silene stenophylla*, de más de 30 000 años de antigüedad, mediante técnicas de cultivo *in vitro* a partir de semillas que se habían conservado en el suelo helado de Siberia.

Otro ejemplo muy bien documentado es el de la germinación de semillas de la palmera datilera (*Phoenix dactylifera*), halladas en unas excavaciones arqueológicas en la región del desierto de Judea, que además han servido para hacer estudios de genética y evolución. Estas semillas, que permanecieron en estado de latencia durante casi 2000 años, se recuperaron y, tras ser sometidas a un cuidadoso proceso de rehidratación y cultivo controlado, lograron germinar. Al analizar su ADN, los grupos científicos compararon las poblaciones antiguas de palmera datilera con las variedades actuales y gracias a estos estudios podemos saber cómo se domesticaron a lo largo de los siglos. Pero este hallazgo va más allá de la ciencia: tiene también un profundo valor histórico y cultural, porque nos conecta con las prácticas agrícolas de nuestros antepasados y nos recuerda que las plantas cultivadas han acompañado a las civilizaciones humanas desde tiempos remotos.

Aunque pueda parecer un proceso sencillo, en realidad la germinación es un fenómeno fisiológico muy complejo en el que intervienen múltiples señales y que está regulado por factores tanto internos como externos de la planta. Entre los factores internos destacan la latencia o dormición y las reservas nutritivas almacenadas en los cotiledones y en el endospermo, que alimentan al embrión en sus primeras etapas de desarrollo. Por otro lado, los factores ambientales como la disponibilidad de agua, la temperatura, el oxígeno, la luz, la humedad y la presencia de ciertos compuestos en el suelo determinarán el momento de la germinación. Algunas especies, como el manzano o el roble, necesitan frío para que sus semillas germinen, mientras que otras como el girasol prefieren la alternancia de temperaturas.

La luz, imprescindible para el mundo vegetal, es otra señal que influye de manera diferente según la especie. En algunas semillas es indispensable para iniciar la germinación; en otras, la inhibe, y en otros casos no tiene ningún efecto. La lechuga germina con mayor facilidad cuando recibe luz, mientras que el ajo necesita oscuridad para lograrlo. Además, no solo importa la presencia o ausencia de luz, sino también su calidad. La luz roja estimula la germinación, mientras que la luz del espectro rojo lejano la inhibe. Esta respuesta se debe a la acción de un fotorreceptor presente en las plantas llamado fitocromo, que es capaz de diferenciar entre las diferentes longitudes de onda de la luz. De hecho, es una práctica habitual en los viveros comerciales someter a las semillas a tratamientos con luz roja para garantizar una germinación uniforme. La luz no solo interviene en el inicio de la germinación, sino que también puede regular la latencia y sincronizar el momento en que la semilla brota con la estación del año o con la profundidad a la que se encuentra enterrada.

Las semillas de muchas especies no germinan de inmediato, aunque se encuentren en condiciones favorables para que la planta se desarrolle. En estos casos, necesitan romper la latencia, también conocida como dormancia o dormición, un estado de reposo que puede estar relacionado con factores físicos (la dureza de la cubierta de la semilla) o fisiológicos (presencia de hormonas inhibidoras como el ácido abscísico, ABA), o con el estado de madurez del embrión. En la mayoría de los casos, el embrión no presenta una latencia propia y puede desarrollarse si la cubierta de la semilla se elimina o se debilita lo suficiente como para permitir la entrada de agua. En este caso, los procesos naturales, como la abrasión o la descomposición de la cubierta en el suelo o incluso en el aparato digestivo de un animal que haya ingerido la semilla, favorecen la germinación. En otras ocasiones, el embrión no puede germinar, aunque existan las condiciones adecuadas, hasta que transcurre un periodo de tiempo determinado. Este tiempo puede ser necesario para que el embrión continúe su desarrollo o para que se produzca un proceso de maduración interna o posmaduración, cuya naturaleza exacta aún no se comprende del todo, pero es posible que sea necesario para reducir el nivel del ABA y aumentar el de giberelinas, las hormonas promotoras de la germinación.

No todas las plantas tienen semillas latentes, pues muchas germinan en cuanto encuentran un ambiente adecuado. La presencia o ausencia de latencia está estrechamente relacionada con la adaptación evolutiva de cada especie a su entorno. Cuando las condiciones para la germinación y el establecimiento de las plántulas son relativamente estables y predecibles, la latencia puede no ser necesaria, ya que germinar rápidamente aumenta las probabilidades de crecimiento y supervivencia de las plantas. Por el contrario, en ambientes donde las condiciones son más variables o estacionales, muchas especies han desarrollado mecanismos de latencia que retrasan la germinación hasta que se presenten las condiciones más adecuadas para el desarrollo de la plántula. Esta estrategia también contribuye a la formación de bancos de semillas en el suelo, lo que permite que la germinación se distribuya en el tiempo y reduce el riesgo de que toda la descendencia se vea afectada por condiciones desfavorables en un momento determinado.

La latencia puede aparecer o desaparecer con relativa rapidez según la presión de selección. En las plantas cultivadas, este rasgo fue uno de los primeros en perderse durante la domesticación. Por eso, la fecha de siembra es un factor clave en la agricultura. Una importancia que el saber popular ha recogido tradicionalmente en el refranero español con dichos como "si siembras perejil en mayo, tendrás todo el año" o "remolacha en marzo sembrarás y en noviembre sacarás". Si la germinación ocurre de manera irregular o comienza en un periodo desfavorable, las plántulas crecerán a ritmos distintos, lo que puede reducir el rendimiento del cultivo. Para evitarlo, la selección humana ha favorecido la selección de semillas sin latencia, garantizando una germinación más uniforme y sincronizada.

Bajo tierra o al sol, los dos tipos de germinación

Como hemos visto antes, la germinación puede ser de dos tipos: epigea e hipogea, en función de la posición de los cotiledones respecto a la superficie. En la germinación epigea, el hipocotilo se alarga y los cotiledones emergen por encima del suelo, funcionando temporalmente como hojas fotosintéticas que aportan energía a la plántula hasta que se desarrollan las hojas verdaderas. Esto puede ser ventajoso en cultivos en los que una fotosíntesis temprana es crítica para un crecimiento rápido, como en el caso de la judía o la cebolla. Los cotiledones expuestos pueden ser más vulnerables al estrés ambiental, las plagas o los daños mecánicos. En la germinación hipogea, los cotiledones permanecen enterrados y protegidos en el suelo, y solo emerge el tallo embrionario con las primeras hojas verdaderas encargadas de realizar la fotosíntesis. Este tipo de germinación es útil en cultivos como el maíz, el trigo o el guisante, ya que los cotiledones sirven principalmente como reserva de nutrientes y su protección bajo tierra aumenta la supervivencia de la plántula frente a condiciones adversas como la sequía o el frío.

La plántula inicia su vida cuando la radícula emerge de la semilla y la parte aérea comienza a crecer hacia arriba. Al principio, depende de las reservas de nutrientes guardadas en los cotiledones o en el endospermo, hasta que puede realizar la fotosíntesis y alimentarse por sí misma, y comienza la fase autótrofa. La gravedad y la luz guían su desarrollo: la raíz crece hacia abajo y la parte aérea hacia arriba, mientras que la luz permite que las hojas se abran y se vuelvan verdes, activando la fotosíntesis. Gracias a estos mecanismos, la plántula crece en la dirección correcta y aprovecha al máximo la energía del sol.

Así comienza la vida de una nueva planta, que al final de su ciclo volverá a producir semillas, perpetuando la especie.

Formas, tamaños y estrategias de vida

Ahora que conocemos tantos aspectos de las semillas, podemos imaginar su enorme diversidad en tamaño y forma. Esta variedad no es fruto del azar, sino el resultado de millones de años de evolución, durante los cuales las semillas se han adaptado a distintas condiciones y estrategias de supervivencia, y también a la selección humana, que las ha modificado para que nos sean útiles de múltiples maneras. Existen casi tantos tipos de clasificaciones como de semillas; entre las principales, se encuentran según su origen, su estructura o la forma en que almacenan sus nutrientes. Ya conocemos las angiospermas, que provienen de plantas con flores y crecen protegidas dentro de los frutos, y las gimnospermas, típicas de las coníferas. Otro criterio para clasificar las semillas es la forma en que almacenan sus reservas nutritivas. Algunas, llamadas endospermadas, concentran la mayor parte de sus nutrientes en el endospermo, como el maíz, el trigo y el arroz. Otras, llamadas exalbuminadas, absorben el endospermo en el embrión, por lo que son los cotiledones los que acumulan los nutrientes. Entre ellas se encuentran las leguminosas, como los guisantes, las judías y las lentejas. Por último, están las perispermadas, que almacenan alimento en un tejido especial llamado perispermo, aunque también contienen algo de endospermo, como ocurre en la vainilla o la remolacha.

El número de cotiledones también sirve para clasificarlas. Las monocotiledóneas tienen un solo cotiledón, sus hojas suelen tener nervaduras paralelas y sus raíces son fasciculadas. En este grupo se encuentran muchos de los alimentos que forman parte de nuestra dieta, como los cereales, la cebolla y el ajo. También incluye numerosas especies ornamentales, entre ellas los lirios y los tulipanes, así como plantas de gran utilidad agrícola, como el plátano, la palma de aceite y los pastos empleados en la alimentación animal.

Las dicotiledóneas, en cambio, tienen dos cotiledones, esas pequeñas hojitas que podemos ver cuando comemos germinados, que no son ni más ni menos que semillas comestibles que han pasado por un proceso de germinación, convirtiéndose en brotes vivos y tiernos con un alto valor nutricional. Sus hojas verdaderas tienen generalmente nervaduras en forma de red y desarrollan una raíz principal de la que surgen ramificaciones secundarias. A este grupo pertenecen cultivos de gran relevancia, como las leguminosas (lentejas, garbanzos, judías), las solanáceas (patata, pimiento, tomate), las cucurbitáceas (melón, sandía, pepino) los frutales (manzano, cerezo, naranjo) y muchas especies ornamentales y forestales.

Además, las semillas se diferencian por su capacidad de conservación. Las ortodoxas toleran la desecación y pueden mantenerse viables durante largos periodos si se almacenan en condiciones de baja humedad y baja temperatura, lo que las hace idóneas para su preservación en bancos de germoplasma, como veremos más adelante. En cambio, las recalcitrantes son muy sensibles: no soportan el secado ni el frío, por lo que deben sembrarse poco después de la recolección. Entre ellas se encuentran las semillas de especies tropicales de gran valor, como el mango, el cacao o el aguacate.

Cada semilla, por sencilla que parezca, es un ejemplo de adaptación, resistencia y utilidad, un testimonio vivo de la evolución de las plantas y de su estrecha interacción con los seres humanos desde la aparición de la agricultura.

CAPÍTULO 3

Cada semilla es un tesoro

Formas y tamaños de las semillas: diversidad y adaptación

La forma y el tamaño de una semilla no son casuales: una semilla con la morfología adecuada puede acumular suficientes reservas para que la futura plántula tenga energía para crecer desde el inicio del ciclo, incluso en condiciones adversas. Así pues, la biodiversidad de las semillas es el resultado de millones de años de evolución y adaptación de las plantas a diferentes entornos (figura 6). Cada forma, tamaño y estructura ha ido ajustándose para garantizar la supervivencia de cada especie. Además, su forma se ha adaptado al medio para aprovechar de manera óptima los factores ambientales, como la luz, la humedad o la temperatura del suelo. Pero eso no es todo: la estructura de la semilla también influye en su dispersión, lo que asegura que llegue a un lugar favorable donde pueda germinar y perpetuar la especie.

Gran parte de los estudios sobre morfología de semillas se basa en el trabajo clásico de Alexander C. Martin, publicado en 1946 bajo el título *The Comparative Internal Morphology of Seeds*. En este estudio, Martin analizó la morfología interna de 1287 semillas maduras y las clasificó según la relación entre el embrión y el endospermo. La característica morfológica más evidente es la relación entre el tamaño del embrión y el de la semilla, un rasgo que depende de cuánto se reduce el endospermo durante su desarrollo. Como explicamos en el capítulo anterior, durante la maduración de la semilla, el endospermo puede conservarse en diferentes grados o incluso desaparecer por completo, dependiendo de cómo se almacenan los nutrientes. Basándose en estas observaciones, Martin distinguió varios tipos morfológicos: desde semillas con un embrión muy pequeño y abundante endospermo, como en el caso los cereales, hasta semillas en las que el embrión ocupa casi todo el interior y el endospermo desaparece, como ocurre en las leguminosas.

Figura 6
Diversidad de formas y tamaños de semillas de diferentes especies cultivadas.

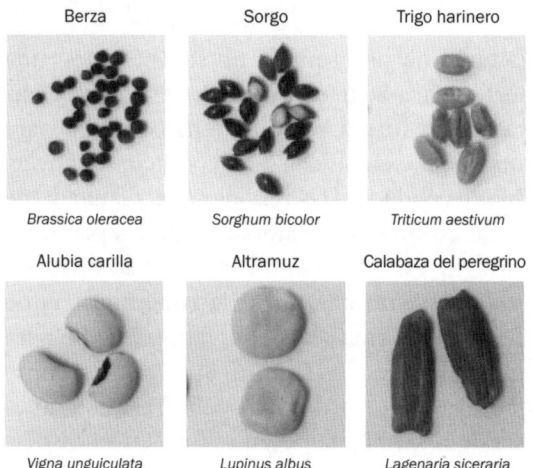

Berza	Sorgo	Trigo harinero
Brassica oleracea	*Sorghum bicolor*	*Triticum aestivum*
Alubia carilla	Altramuz	Calabaza del peregrino
Vigna unguiculata	*Lupinus albus*	*Lagenaría siceraria*

Fuente: Elaboración propia. Semillas del Centro de Recursos Fitogenéticos (INIA-CSIC).

En general, las especies que producen semillas grandes y ricas en reservas, como la judía (*Phaseolus vulgaris*), pueden germinar en condiciones más adversas, mientras que las que producen semillas pequeñas y ligeras, como muchas gramíneas silvestres, apuestan por la cantidad y la dispersión. En resumen, la relación entre el embrión y el endospermo no es solo un detalle anatómico, sino una estrategia evolutiva que muestra cómo cada planta garantiza la supervivencia de su descendencia.

Al clasificar las semillas por tamaño, existe una amplia variabilidad entre especies, así como ciertas diferencias entre las variedades de una misma especie cultivada. Dentro de cada variedad, las semillas muestran un alto grado de homogeneidad morfológica, que reflejan tanto su consistencia genética como los patrones de desarrollo característicos de la especie. En el caso del guisante (*Pisum sativum*), como observó Gregor Mendel en sus experimentos, existen diferencias significativas entre las variedades (guisantes verdes o amarillos). Sin embargo, dentro de una misma variedad, los granos muestran una notable homogeneidad morfológica que refleja su consistencia genética; es decir, si la variedad es de guisantes verdes, todos presentarán un color muy parecido. Esta uniformidad permitió a Mendel estudiar la herencia de características específicas, como la piel rugosa o lisa y el color amarillo o verde de las semillas, y establecer las leyes de la herencia, que fueron publicadas en 1866 en el artículo "Experimentos sobre hibridación de plantas", como veremos más adelante.

La forma de una semilla viene determinada por el tipo de primordio seminal del que se origina, por el patrón de crecimiento que sigue y por la posición que ocupa dentro del fruto. Algunas semillas son planas, con mayor anchura y longitud que grosor, y pueden presentar formas geométricas variadas, como circular, elíptica, oblonga o reniforme. Las semillas de las cucurbitáceas (melón, calabaza, sandía, etc.) son planas, lo que influye en su dispersión y germinación en el suelo. Algunas semillas tienen formas tridimensionales, con mayor grosor y morfologías complejas, como ovoides, angulosas o discoidales, lo que les permite proteger eficazmente el embrión y almacenar los nutrientes esenciales para el desarrollo inicial de la plántula. Un ejemplo conocido es la pipa o semilla de girasol (*Helianthus annuus*), que es un aquenio con forma discoidal y compacta y está diseñada para acumular reservas energéticas que favorecen su crecimiento.

La forma también está estrechamente relacionada con el modo en que se dispersan. Las semillas que dependen de mamíferos o aves para transportarse suelen ser esféricas u ovoides, lo que les permite pasar por el tracto digestivo de estos animales sin sufrir daños y llegar intactas a nuevos lugares a través de las heces. Cuando el medio de propagación es el agua, las semillas tienden a ser más voluminosas y ligeras, y muchas de ellas poseen estructuras internas globosas, bolsas de aire o tejidos esponjosos que les permiten flotar y desplazarse a largas distancias, como las semillas de la mimosa acuática (*Neptunia oleracea*) o de la azucena de mar (*Pancratium maritimum*). En cambio, las semillas que se dispersan por el viento suelen tener formas aladas o ligeras, diseñadas para planear y volar, lo que aumenta su capacidad de dispersión. Un ejemplo son las sámaras aladas de los abedules (*Betula* sp.) o los aquenios del diente de león (*Taraxacum officinale*), que tienen vilanos, una especie de pelos plumosos que les permiten alcanzar lugares lejanos. Otras semillas tienen ganchos, púas o sustancias pegajosas que se adhieren al pelaje de animales o a la ropa para dispersarse, como ocurre con las semillas de zanahoria silvestre (*Daucus carota*).

El tamaño no solo depende de la cantidad de reservas que acumula la semilla para germinar y crecer, sino también de las condiciones ambientales en las que se desarrolla la planta. La disponibilidad de humedad, la facilidad para captar la luz y la cantidad de nutrientes en el suelo son factores que influyen directamente en su tamaño. Las plantas que crecen en bosques densos, donde la luz es limitada, producen semillas de mayor tamaño para asegurar unas reservas suficientes que favorezcan el desarrollo inicial de la plántula, como las castañas del género *Castanea*. De manera similar, en ambientes áridos o con baja humedad, las semillas necesitan reservas que permitan a la plántula desarrollar rápidamente una raíz capaz de captar el agua disponible en el subsuelo. Algunas especies del matorral mediterráneo, como las jaras

(*Cistus* sp.), producen un tipo de fruto llamado cápsula, que, al madurar, se abre en cinco o diez cavidades y libera numerosas semillas de pequeño tamaño. Esta estrategia reproductiva es muy eficaz cuando las condiciones para el establecimiento de nuevas plantas son impredecibles, ya que aumenta la probabilidad de que algunas semillas encuentren condiciones adecuadas para germinar y desarrollarse.

La escala de tamaños de las semillas es extraordinariamente amplia: en el extremo inferior se sitúan las semillas de las orquídeas, que son conocidas por su tamaño reducido, tan pequeño que parecen motas de polvo. Esto les permite viajar grandes distancias con el viento. En el caso de las plantas saprófitas o parásitas como el jopo (*Orobanche minor*), el pequeño tamaño de sus semillas está justificado, porque carecen de estructuras de reserva, pues no las necesitan para su desarrollo inicial, ya que obtienen la energía necesaria directamente de la planta huésped que parasitan. Algunas plantas carnívoras también tienen semillas muy finas que se dispersan por el viento, como las del género *Drosera* (rocío de sol), o caen en el agua y se quedan flotando hasta encontrar un lugar adecuado para crecer, como ocurre con el género *Utricularia*. Aunque son difíciles de ver, ambas crecen en la península ibérica. Muchas especies de brezos (*Erica* sp.) producen también semillas extremadamente pequeñas, similares a granos de arena muy finos.

En el otro extremo, en el de las semillas gigantes, se halla el coco de mar, que puede superar los 20 kg de peso y procede de la *Lodoicea maldivica*, una palmera que crece en el archipiélago de las Seychelles y que en la actualidad se encuentra en peligro de extinción. Su nombre se debe a que solían aparecer en las playas o flotando en el mar, por lo que se creía que provenían de árboles submarinos. No fue hasta el año 1768 cuando una expedición francesa identificó la palmera que los producía, que además tiene el récord de poseer los frutos más grandes del mundo, con tres semillas de distinto tamaño. Algunas especies comestibles también albergan en su interior semillas de gran tamaño. El aguacate

(*Persea americana*) protege una semilla redonda y voluminosa, que casi siempre está perfectamente centrada y ocupa buena parte del fruto. El mango (*Mangifera indica*), en cambio, esconde una semilla alargada y plana, envuelta en una cáscara fibrosa. Un tamaño mayor confiere a la semilla la ventaja de contar con mayores reservas nutritivas, lo que facilita el desarrollo inicial de la planta, aunque la producción de semillas grandes supone un mayor gasto energético para la planta, por lo que generalmente se produce una menor cantidad de semillas.

Agricultura y biodiversidad amenazada

A lo largo de miles de años, las comunidades agrícolas de todo el mundo han cultivado una gran variedad de plantas. Gracias a este legado, hoy podemos disfrutar de alimentos ricos y variados en colores, sabores, aromas y propiedades nutritivas. Desgraciadamente, esta diversidad que nos ha acompañado desde los inicios de la agricultura, se encuentra actualmente en un momento delicado. Detrás de los alimentos que llegan a nuestra mesa existe un mundo vivo y en constante evolución: desde los parientes silvestres, que dieron origen a las plantas cultivadas, a los polinizadores y un sinfín de microorganismos que sostienen su crecimiento. Esta red es tan diversa como frágil, pues muchas especies carecen de la protección adecuada, no están suficientemente estudiadas y, en algunos casos, están desapareciendo.

Desde la segunda mitad del siglo XX, la diversidad de las semillas utilizadas en la agricultura ha disminuido de forma drástica. Lo que antes era un mosaico de variedades tradicionales adaptadas a cada región, clima e incluso a cada parcela de cultivo ha sido reemplazado por sistemas agrícolas que dependen de variedades de plantas muy parecidas genéticamente entre sí. La erosión genética está poniendo en riesgo la diversidad de los recursos vegetales: los ecosistemas y los hábitats se reducen, las ciudades avanzan, la agricultura se moderniza y se están perdiendo prácticas agrícolas tradicionales, por lo que muchas variedades locales han dejado de cultivarse. Al mismo tiempo, los polinizadores, como las abejas, están desapareciendo a gran velocidad, lo que pone en peligro la capacidad de reproducción de numerosos cultivos.

La FAO advierte que se ha perdido alrededor del 75% de la diversidad de las plantas cultivadas desde comienzos del siglo pasado, es decir, el número de las variedades de los campos de cultivo cada vez es menor. Esta reducción es una amenaza para la seguridad alimentaria mundial, ya que, sin una base amplia de diversidad genética —la agrobiodiversidad—, los cultivos tienen más dificultades para adaptarse a las plagas, a las enfermedades y a las rápidas variaciones del clima, un riesgo que se intensifica a medida que el planeta continúa calentándose. La pérdida no solo es biológica, pues también se pierden los conocimientos tradicionales, los sabores únicos y las oportunidades para mejorar la alimentación mundial. La conservación y el uso sostenible de la agrobiodiversidad son una prioridad global para garantizar un desarrollo agrícola sostenible que contribuya a la estabilidad de los agroecosistemas y a la seguridad alimentaria mundial.

La agrobiodiversidad tiene además diferentes dimensiones y va mucho más allá de un catálogo o una colección de especies vegetales. Desde el punto de vista cultural, cada variedad cuenta una historia de adaptación, de recetas transmitidas de generación en generación, de mercados locales y de conocimientos que han dado forma a la vida de las comunidades rurales durante siglos. Proteger esta diversidad no solo garantiza nuestra alimentación, sino que también preserva las identidades y las tradiciones a la vez que genera oportunidades económicas que sustentan a las comunidades rurales en todo el mundo. Desde una perspectiva nutricional, esta diversidad es esencial para nuestra salud. Los cultivos alimentarios nos aportan vitaminas, minerales y compuestos bioactivos esenciales que fortalecen nuestro organismo y nos protegen frente a las enfermedades. Cuantas más variedades conservemos, mayores serán las posibilidades de crear dietas equilibradas adaptadas a distintas culturas y necesidades individuales, y podremos garantizar que todas las personas puedan aprovechar plenamente la riqueza que nos ofrece la naturaleza.

La conservación y recuperación de la diversidad de las semillas es fundamental para garantizar la seguridad alimentaria y la resiliencia de los ecosistemas. Como veremos en los siguientes capítulos, los bancos de semillas desempeñan un papel esencial en la conservación *ex situ* (fuera de sus hábitats naturales), ya que preservan semillas de miles de especies y variedades. De forma complementaria, la conservación *in situ* mantiene las semillas en sus ecosistemas naturales o en sistemas agrícolas tradicionales, donde continúan evolucionando y adaptándose a las condiciones locales. Estas prácticas se refuerzan con iniciativas globales y locales impulsadas por organismos como la FAO, las redes de intercambio de semillas y los huertos comunitarios. Al mismo tiempo, el futuro de las semillas está estrechamente ligado a la ciencia, ya que la aplicación de técnicas de genómica y edición genética abre nuevas posibilidades para el estudio de su diversidad. No obstante, estos avances científicos también suscitan debates éticos sobre la propiedad, la biopiratería y la soberanía alimentaria. En conclusión, la conservación y el estudio de la diversidad de semillas no solo son una cuestión científica, sino también una responsabilidad colectiva, ya que constituye un patrimonio biológico imprescindible para hacer frente al cambio climático y a la creciente escasez de alimentos.

CAPÍTULO 4

Germinar o no germinar, esa es la cuestión

En este capítulo exploraremos varios ejemplos que ilustran cómo el conocimiento de la fisiología de las semillas se traduce en algunas aplicaciones prácticas que tienen un impacto real. Comprender los procesos como la absorción de agua, el crecimiento del embrión, la producción de hormonas y la activación de enzimas es importante no solo desde el punto de vista teórico, sino también porque influye directamente en la agricultura y la industria alimentaria.

El primer ejemplo que vamos a ver es la germinación de precosecha en el trigo, que se produce cuando los granos comienzan a germinar mientras aún están en la espiga. Aunque la germinación es un proceso natural y esencial para la vida de la planta, en estas circunstancias resulta perjudicial, ya que ocasiona pérdidas económicas y reduce la calidad del grano para molienda y panificación. Por el contrario, el malteado es un proceso en el que se induce la germinación de los granos de cebada de forma controlada para activar la producción de enzimas que transforman el almidón en azúcares fermentables por las levaduras que los transforman a su vez en alcohol y CO_2, fundamentales para la elaboración de la cerveza y otras bebidas. De manera similar, los brotes vegetales y las semillas germinadas, aunque son muy nutritivos, suponen un riesgo para la salud si no se controlan adecuadamente durante la germinación, ya que la humedad y la temperatura favorecen la proliferación de bacterias patógenas.

Estos ejemplos muestran claramente cómo gestionar la germinación de las semillas según los objetivos que se persigan: evitarla cuando es perjudicial y fomentarla cuando es beneficiosa. De este modo, la teoría se convierte en una herramienta práctica para mejorar la producción y la calidad de los productos derivados de las semillas.

La germinación de precosecha en trigo

La germinación pone fin a la latencia de la semilla y marca el inicio del crecimiento activo de la planta. Este proceso está regulado por señales hormonales internas, principalmente por el equilibrio entre el ácido abscísico (ABA) y las giberelinas, aunque también se ve influido por factores ambientales como la luz, la temperatura y la humedad del ambiente. Los cereales de grano pequeño, como la cebada, el arroz, el centeno y, sobre todo, el trigo, pueden germinar prematuramente mientras aún se encuentran en la espiga de la planta madre. Este fenómeno, conocido como germinación temprana, precoz o de precosecha, se produce cuando los granos inician la germinación antes de ser recolectados y trillados, lo que genera pérdidas significativas en la producción agraria. Se trata de un problema global que se presenta cuando durante la cosecha se dan ciertas condiciones de lluvia, temperatura y humedad que favorecen la germinación de los granos. Su incidencia varía en función de la variedad y de las condiciones climáticas. En las regiones cálidas y secas, como la cuenca mediterránea, el riesgo de germinación precoz es bajo, pero en las regiones frías y húmedas puede convertirse en un problema grave.

El periodo en el que puede tener lugar la germinación temprana abarca desde dos o tres semanas después de la fecundación hasta el momento de la cosecha, y afecta tanto a los granos secos como a los granos con alto contenido de humedad. Existen dos tipos de germinación de precosecha: visible e invisible. La primera se reconoce fácilmente por el crecimiento de la radícula y del coleoptilo (la hoja embrionaria de las gramíneas), mientras que la segunda ocurre sin que emerjan la radícula ni las raicillas; el coleoptilo se alarga bajo la testa o el pericarpo del grano y solo puede detectarse mediante una inspección detallada del lote de semillas.

Los granos de trigo germinados tienen un aspecto defectuoso y, por lo general, no se destinan a la molienda para consumo humano, aunque sí pueden utilizarse como alimento para animales. El principal problema es funcional y se debe a los altos niveles de α-amilasa, un enzima que hidroliza el almidón del endospermo durante la germinación. Si este enzima permanece en la harina, continúa su acción durante la cocción, generando un exceso de azúcares que provoca que el pan tenga una miga pegajosa y una corteza oscura. Aunque es esencial para el crecimiento del embrión, la actividad de la α-amilasa en la harina reduce la calidad panadera del trigo, lo que da como resultado un pan de menor volumen y con una miga débil. En estos casos, el grano suele destinarse a alimentación animal, lo que ocasiona pérdidas económicas. Algunas variedades de trigo presentan niveles elevados de α-amilasa incluso sin que se produzca germinación, por lo que es necesario analizar rutinariamente los lotes destinados a la comercialización.

La morfología de la planta influye en la capacidad de retención de agua de la espiga tras la lluvia y en el tiempo que tarda en evaporarse. La presencia de aristas y ceras epicuticulares ayuda a repeler el agua: las aristas actúan como un paraguas y las ceras como una barrera impermeable. Por tanto, las variedades sin aristas (los llamados trigos mochos) o con espigas poco cerosas tienen un mayor riesgo de germinación precoz. La orientación de la espiga también es importante, ya que las espigas inclinadas tienden a acumular más agua, lo que favorece la germinación precoz de las semillas. Otras características, como el color y la permeabilidad de la cubierta de la semilla, también influyen en la incidencia de la germinación precoz. La latencia depende tanto del embrión como de la cubierta: el color de esta regula la sensibilidad del embrión a las hormonas vegetales, como el ABA y las giberelinas. Los embriones de trigo rojo son más sensibles a las fluctuaciones de ABA que los de trigo blanco, lo que explica que el trigo rojo tenga una dormición mayor que el blanco.

La dureza del grano es otra característica importante: los granos de trigo duro (*Triticum durum*), destinados a la producción de sémola y pasta, absorben el agua más lentamente que los granos de trigo blando (*Triticum aestivum*), utilizados en la industria harinera. Por tanto, los granos de trigo blando tienen un mayor riesgo de germinación precoz en condiciones favorables que los granos de trigo duro.

De manera similar, existen diferencias entre las variedades en lo referente a la permeabilidad de la cubierta, pero el mecanismo exacto mediante el cual la cubierta contribuye a la dormición aún no se conoce en profundidad. Se cree que la cubierta puede influir en la latencia o dormición mediante la presencia de hormonas vegetales o modulando la absorción de agua y la entrada de oxígeno en función de su permeabilidad. Aunque se han identificado varios genes relacionados con la latencia de la semilla y la resistencia a la germinación temprana, incluirlos en los programas de mejora es costoso y suelen priorizarse los genes relacionados con el rendimiento y otras características agronómicas. No obstante, es posible mejorar las variedades modernas reintroduciendo alelos que aumenten la dormición y lograr así resistencia a la germinación temprana sin comprometer el rendimiento ni la calidad agronómica.

El malteado de la cebada

El malteado es el proceso mediante el cual los granos de los cereales, principalmente la cebada, aunque también el trigo, la avena, el centeno, el mijo y el sorgo, se transforman en malta, un ingrediente esencial para la elaboración de la cerveza y otros productos fermentados. Consiste en germinar los granos en condiciones controladas y, posteriormente, secarlos y calentarlos ligeramente. Durante la germinación se activan unos enzimas que descomponen el almidón en azúcares fermentables, mientras que el calentamiento detiene la germinación y conserva esos azúcares. Los seres humanos comenzaron a cultivar la cebada y el trigo alrededor del año 10000 a. C., aunque existen pruebas de que el malteado se practicaba incluso antes, ya que este proceso hacía que los granos fueran más nutritivos y permitía elaborar las primeras bebidas fermentadas.

Los métodos antiguos de malteado eran sencillos pero eficaces. Los granos se humedecían en cestas para iniciar la germinación y luego se extendían sobre losas de piedra o esteras tejidas, removiéndolos con regularidad para controlar la temperatura y evitar la aparición de moho. Una vez germinados, se secaban al sol o sobre el fuego. La Revolución Industrial supuso un punto de inflexión en este proceso. En 1818, Daniel Wheeler patentó el secado indirecto en horno, un sistema que permitía secar el grano con aire caliente sin contacto directo con el fuego y obtener maltas más claras, homogéneas y sin el sabor ahumado de los métodos tradicionales.

El malteado es, básicamente, un proceso bioquímico en condiciones controladas. Comienza con el remojo, en el que el grano alcanza un nivel de humedad del 40-45%, lo que activa el metabolismo y promueve la síntesis de giberelinas en el embrión, que son las hormonas que inician la germinación. Las giberelinas estimulan la capa de aleurona (la capa más externa del endospermo) para que se sinteticen los enzimas hidrolíticos, como las α- y β-amilasas, que transforman el almidón en azúcares fermentables (maltosa y glucosa), y las proteasas, que degradan las proteínas de reserva en péptidos y aminoácidos necesarios para las levaduras, así como las β-glucanasas, que rompen los polisacáridos de la pared celular para facilitar el acceso a las reservas del grano sin que la plántula consuma excesivamente sus nutrientes. Finalmente, la germinación se detiene mediante un proceso de secado o de tostado progresivo, pero se conserva la actividad enzimática y, en el caso de las maltas más tostadas, favorece las reacciones de Maillard, que aportan color, aroma y sabor característicos.

De este modo, el malteado transforma un grano con reservas insolubles en un sustrato bioquímicamente activo, que es esencial para obtener mostos fermentables en la elaboración de cerveza y bebidas destiladas como el *whisky*, la ginebra y el vodka. La malta también se utiliza para producir jarabes, harinas y extractos de malta, que son ingredientes básicos en la industria alimentaria y en la nutrición animal. Se calcula que aproximadamente el 35% de la producción mundial de cebada se destina a este proceso, lo que convierte a la germinación controlada de las semillas en un elemento clave desde el punto de vista económico y tecnológico. De hecho, los granos que no pueden germinar no son aptos para la industria. Por este motivo, la viabilidad y la dormición de los granos de cebada destinados a malta son aspectos fundamentales. Si la viabilidad, entendida como la capacidad de germinación de las semillas, es inferior al 98% o si los niveles de semillas con dormición superan el 3-4%, no se consideran adecuadas para la industria.

La dormición o latencia excesiva puede ser un problema importante en los granos recién cosechados, especialmente en determinadas regiones, ya que en esos casos el grano debe almacenarse a veces a temperaturas elevadas para acelerar su maduración posterior, lo que aumenta los costes asociados al malteado. Por otro lado, si los granos carecen de dormición mientras aún están en la espiga, pueden germinar antes de la cosecha en condiciones húmedas y frías, lo que compromete su calidad para la producción de malta.

Los brotes vegetales y las semillas germinadas

Los brotes vegetales y los germinados o *microgreens* son semillas que han iniciado su crecimiento y se consumen en esta fase temprana, antes de que aparezcan las hojas verdaderas o en los primeros estados del desarrollo de las plantas. Esto las convierte en alimentos muy nutritivos, con concentraciones significativamente mayores de vitaminas, minerales, enzimas y antioxidantes que en las semillas maduras (figura 7). Una vez más, conocer el proceso de germinación es fundamental para aprovechar al máximo su valor nutricional y garantizar un manejo seguro que prevenga riesgos microbiológicos. Entre los brotes más comunes se encuentran los de alfalfa, lenteja, soja, brócoli y rábano. Su consumo nos aporta proteínas, fibra, ácido fólico, vitamina C y compuestos bioactivos que favorecen la digestión, fortalecen el sistema inmunitario y benefician la salud cardiovascular. Además, son aptos para dietas veganas y vegetarianas. Se pueden consumir crudos en ensaladas, batidos o sándwiches, o ligeramente cocidos en sopas y salteados. Durante la germinación, los nutrientes de la semilla experimentan transformaciones enzimáticas que hacen que los carbohidratos se conviertan en azúcares simples, las proteínas en aminoácidos y los lípidos en ácidos grasos, mientras que la concentración de vitaminas aumenta, lo que hace que los brotes se consideren alimentos funcionales de gran valor.

Figura 7
Germinados de berenjena (*Solanum melongena* L.).

Fuente: Elaboración propia.

Aunque su consumo es seguro y saludable, las condiciones de germinación (humedad alta y temperaturas favorables) favorecen el crecimiento de bacterias patógenas como

Salmonella, *Escherichia coli* y *Listeria monocytogenes*, que pueden causar brotes de toxiinfecciones alimentarias. Un ejemplo de este tipo de brotes ocurrió en mayo de 2011, cuando una cepa de *E. coli* productora de toxina Shiga fue identificada como la causa de una crisis sanitaria vinculada al consumo de brotes en la Unión Europea. La Autoridad Europea de Seguridad Alimentaria (EFSA) determinó que la contaminación procedía de las semillas, que podrían haberse infectado en el campo, en la cosecha, en el almacenamiento o el transporte. Durante el proceso de germinación, las bacterias se multiplicaron, lo que aumentó significativamente el riesgo para la salud pública. Por lo tanto, conocer y controlar todos los factores que afectan a la germinación permite minimizar los riesgos sanitarios. Los brotes y las semillas germinadas son otro ejemplo de cómo un proceso natural como la germinación puede transformar una semilla en un alimento fresco, nutritivo y sostenible.

Como acabamos de ver, comprender la germinación y la dormición de las semillas es fundamental para la agricultura y la industria alimentaria, ya que permite aprovechar la diversidad genética de los cultivos y seleccionar variedades adaptadas a diferentes condiciones ambientales y procesos industriales. Este conocimiento ayuda a prevenir problemas como la germinación prematura, que puede ocasionar pérdidas económicas y afectar a la calidad del grano destinado a la panificación. En la industria alimentaria, el control de la germinación y la dormición es esencial en procesos como el malteado, en el que se busca inducir la germinación de manera controlada para aumentar la producción de enzimas y azúcares fermentables. De este modo, el conocimiento científico puede aplicarse de forma práctica para lograr cultivos más resistentes, productos de mayor calidad y sistemas más sostenibles.

CAPÍTULO 5

Semillas en conserva

Principios y métodos de conservación de las semillas

Seguro que muchas de las personas que lean estas páginas habrán paseado por alguno de los cientos de jardines botánicos que existen en nuestra geografía, sin ser quizá conscientes de que las plantas que admiran son el ejemplo perfecto para definir y entender el concepto de conservación. La conservación de la biodiversidad de las especies vegetales es esencial para evitar la erosión genética, es decir, la reducción de la diversidad genética de las especies que forman parte de los ecosistemas, lo que compromete su equilibrio y reduce su capacidad de respuesta ante las cambiantes condiciones ambientales.

El Convenio sobre la Diversidad Biológica (1992) describe dos métodos de conservación de las especies vegetales: la conservación *ex situ*, que se realiza fuera de los hábitats naturales de las plantas, y la conservación *in situ*, que se realiza dentro de ellos. La conservación *ex situ* implica la adquisición de material, es decir, la recolección de muestras representativas de cada especie o variedad y su almacenamiento en un lugar distinto de su hábitat o zona de cultivo. En este caso, se puede conservar el organismo completo o solo una parte de él, como la semilla. Por el contrario, en la conservación *in situ*, el manejo y el control de los materiales se llevan a cabo donde se desarrollan, por lo que se conservan los ecosistemas y hábitats naturales.

El genetista y botánico John Gregory Hawkes recopiló en el año 2000 los métodos de conservación existentes, entre los que hay que destacar, dentro de la conservación *ex situ*, los bancos de semillas (para la mayoría de las especies herbáceas), las colecciones de campo (árboles frutales), los jardines botánicos y los arboretos (generalmente con fines académicos y divulgativos), las colecciones *in vitro* (para especies de reproducción vegetativa, como la patata), las colecciones de polen (en el caso de algunos frutales, como el peral) y las colecciones de ADN (en forma de bibliotecas genómicas). La conservación *in situ* se lleva a cabo en las denominadas reservas genéticas, que suelen implicar la creación de espacios protegidos y la conservación en finca (*on farm*), con la participación de las comunidades rurales.

En la práctica, hay muchos casos en los que las comunidades locales cultivan materiales genéticos empleando técnicas tradicionales en zonas diferentes a las de origen. Un ejemplo es el género *Leucaena*, de la familia de las leguminosas. El germoplasma de estos árboles se recolecta en sus hábitats nativos de Centroamérica y se traslada *ex situ* a las zonas agroforestales más apropiadas para que las comunidades locales se encarguen de su mantenimiento. Los árboles no se conservan mediante las técnicas habituales de las colecciones de campo o los arboretos, sino que son las propias comunidades rurales las que se ocupan de ellos. Estos se regeneran naturalmente mediante técnicas silvícolas tradicionales dentro de un sistema *in situ* en la explotación. Este tipo de conservación se conoce como conservación mediante el uso.

Entonces, ¿cuál es el mejor método de conservación? Idealmente, sería preferible preservar la diversidad genética *in situ* para garantizar la red de relaciones biológicas y evolutivas, y no trasladarlas a un ambiente artificial. La erosión genética de los hábitats naturales y la necesidad de facilitar el acceso a los materiales hacen necesaria la conservación *ex situ* de muchas especies, especialmente de las cultivadas. La forma más extendida de conservación de las plantas a largo plazo es mediante semillas, ya que, cuando es factible, es el método más eficaz que se conoce hasta la fecha. Esta conservación se puede llevar a cabo con semillas ortodoxas. En los años setenta, el científico inglés Eric Roberts clasificó las especies vegetales en dos grandes categorías, en función del comportamiento de las semillas frente al almacenamiento: ortodoxas y recalcitrantes.

Las semillas ortodoxas toleran la desecación hasta alcanzar un contenido de humedad del 5% y, por tanto, pueden conservarse en frío a temperaturas inferiores a 0 °C durante largos periodos de tiempo, lo que aumenta su longevidad. La gran mayoría de las especies de zonas templadas y algunas de zonas tropicales o subtropicales tienen semillas ortodoxas. Afortunadamente, las especies cultivadas suelen tener semillas ortodoxas que se pueden conservar con facilidad en bancos, lo cual es una gran ventaja para la conservación de la biodiversidad.

Por el contrario, las semillas recalcitrantes no toleran la desecación más allá de un contenido de humedad relativamente alto (6-20%) y no pueden conservarse a bajas temperaturas sin sufrir daños, ya que, al congelarlas, formarían cristales de hielo intracelulares que serían letales para su viabilidad. Este tipo de semillas no toleran el almacenamiento a largo plazo y deben conservarse en colecciones de plantas vivas o *in vitro*. Las semillas recalcitrantes corresponden principalmente a especies de zonas tropicales y subtropicales, generalmente de hábitats acuáticos o especies leñosas perennes de semilla grande. Algunas especies arbóreas de zonas templadas, como las del género *Quercus* (encinas, robles y alcornoques) y *Castanea* (castaño), también producen este tipo de semillas. La versatilidad de las plantas es casi infinita y dentro de estos dos tipos de semillas se pueden establecer más divisiones. Por ejemplo, existen semillas ortodoxas que no pueden desecarse porque están constituidas por una cubierta dura que impide la imbibición de agua y, a veces, también el intercambio gaseoso.

Como hemos visto, la conservación a largo plazo de las semillas es posible cuando se trata de semillas ortodoxas, que pueden almacenarse en condiciones de bajo contenido de humedad interna y baja temperatura durante décadas e incluso siglos. Para estimar la longevidad de las semillas, es decir, el tiempo que pueden almacenarse en los bancos sin perder su capacidad de germinación, la comunidad científica sigue el principio enunciado por James F. Harrington en 1972: "La vida de las semillas se duplica por cada 5 °C de descenso de la temperatura de almacenamiento y por cada 1% de reducción de su contenido de humedad y ambos efectos son aditivos".

Uno de los registros más antiguos de los que se tiene constancia es el de la apodada Matusalén, una semilla de palmera datilera de Judea (*Phoenix dactylifera*) de 2000 años de antigüedad que fue hallada durante una excavación en la fortaleza de Masada (Israel) y que los científicos lograron germinar en 2005. En España, el mayor banco de semillas se halla en el CSIC, concretamente en el Centro de Recursos Fitogenéticos (CRF) del Instituto Nacional de Investigación y Tecnología Agraria y Alimentaria (INIA), que cuenta con una colección formada por más de 45 000 accesiones, según los datos de 2022 (figura 8).

El CRF conserva y utiliza variedades locales de los cultivos agrícolas, sus parientes silvestres, variedades comerciales obsoletas y otras especies que ya no se cultivan, pero que tienen un gran potencial para la investigación, los programas de mejora o la recuperación de variedades tradicionales. En España también hay bancos de semillas de plantas silvestres, entre los que destacan el Banco de Germoplasma "César Gómez Campo" de la Universidad Politécnica de Madrid, que cuenta con cerca de 10 000 accesiones de 3500 especies y está organizado en dos colecciones: una de especies endémicas y amenazadas de la península ibérica, las islas Baleares y la región Macaronésica, y otra de especies de la familia *Brassicaceae*. Otro ejemplo es el Real Jardín Botánico (RJB-CSIC), que conserva en su banco de germoplasma más de 3400 registros de semillas de especies silvestres de la península ibérica y la región mediterránea.

Figura 8
Cámara base de conservación a −18 °C del Centro de Recursos Fitogenéticos (INIA-CSIC).

Fuente: Elaboración propia.

Los bancos de semillas ortodoxas

La RAE define el germoplasma como el "conjunto de genes que se transmiten a la descendencia mediante células reproductoras y que permiten perpetuar una especie o una población de organismos". Un banco de semillas o un banco de germoplasma es el lugar donde se mantienen las condiciones adecuadas para conservar la diversidad de especies cultivadas, emparentadas con estas y silvestres. El objetivo de los bancos de semillas es capturar y mantener esta diversidad mediante la selección de muestras vegetales genéticamente representativas de las poblaciones, con el fin de garantizar la conservación de una amplia gama de variabilidad genética.

La conservación de las semillas en un banco de germoplasma implica una serie de actividades secuenciales que empiezan con la recogida del material, un punto clave, ya que hay que determinar qué especies se van a recolectar y en qué lugares.

La colecta debe adaptarse a las distintas situaciones, que dependen de cada especie y de las características geográficas del área de muestreo. Se trata de un proceso costoso, ya que las expediciones de recolección deben planificarse minuciosamente y están sometidas a normas estrictas para garantizar el cumplimiento de los objetivos científicos y la legislación de cada país. Finalmente, se documenta cada muestra recolectada con los datos necesarios para su correcta identificación, lo que se conoce como datos de pasaporte.

El material que llega al banco se procesa para eliminar las impurezas, las semillas inmaduras o defectuosas y las mezclas con otras especies. Una vez limpias, están listas para pasar al proceso de desecación en cámaras de baja humedad relativa o en corrientes de aire caliente. En las cámaras de refrigeración se utilizan diversos tipos de contenedores, como los recipientes de vidrio o de latón o los sobres de aluminio termosellados. Todos ellos deben ser completamente herméticos para conservar la baja humedad. Antes de almacenar las semillas en las cámaras frigoríficas, se analiza el porcentaje de germinación para estimar su viabilidad y poder documentarla durante los años de conservación. Cuando las semillas se almacenan finalmente, es necesario establecer controles periódicos para confirmar su viabilidad. En los casos en que esta haya disminuido, se procede a su regeneración sembrándolas en el campo y recolectando las nuevas semillas, que deberán pasar de nuevo por todo el proceso para poder ser conservadas.

Como hemos visto hasta ahora, la conservación *ex situ* es crucial para preservar la diversidad de las plantas frente a amenazas como la deforestación, el cambio climático, la agricultura intensiva o los desastres naturales, pero, al igual que cualquier estrategia de conservación, tiene una serie de limitaciones. Aunque las semillas se conserven en condiciones óptimas, su viabilidad disminuye con el tiempo, por lo que es necesario realizar un seguimiento constante y regenerar las colecciones periódicamente. Además, en algunos casos no se logra capturar toda la variabilidad genética existente en la naturaleza, lo que limita la capacidad de la especie para adaptarse a futuras condiciones ambientales. El mantenimiento de los bancos de semillas requiere recursos económicos y humanos considerables, así como una infraestructura especializada y personal capacitado para su cuidado y mantenimiento a largo plazo.

La conservación *in situ*

La conservación *in situ* de especies vegetales consiste en proteger, gestionar y mantener las plantas y su diversidad genética en sus hábitats naturales o en los ecosistemas donde se han desarrollado, en el caso de la flora silvestre, o en zonas agrícolas históricas donde se han cultivado tradicionalmente si nos referimos a las plantas domesticadas. Como mencionamos anteriormente, la conservación *ex situ* en bancos de germoplasma es el método más utilizado para conservar las semillas. La conservación *in situ* también es fundamental, ya que las colecciones de semillas de los bancos solo representan una instantánea del momento en que se realizaron las prospecciones de recolección. La evolución de los materiales por la acción humana y la selección natural se interrumpe cuando pasan a formar parte del banco, lo que genera un cuello de botella genético, ya que los métodos de conservación de semillas están destinados a mantener la identidad de las accesiones conservadas. La conservación *in situ*, tanto en hábitats naturales como en campos de cultivo, está cobrando cada vez más importancia.

La conservación *in situ* de las semillas de plantas silvestres se lleva a cabo principalmente en espacios protegidos, como parques y reservas naturales o áreas especialmente gestionadas, donde se regula la actividad humana y se protegen las poblaciones vegetales. En estos lugares, las plantas siguen desarrollándose en su hábitat natural, lo que les permite adaptarse a las condiciones ambientales y mantener sus procesos ecológicos y su diversidad genética. El primer parque nacional del mundo fue el Parque Nacional de Yellowstone, creado en 1872 en Estados Unidos. Su creación sentó un precedente en la conservación de la naturaleza, ya que estableció la protección legal de grandes espacios naturales con el fin de preservar los ecosistemas, paisajes, fauna y flora. Desde entonces, muchos países han adoptado este modelo de protección. En España, la red de parques nacionales está formada actualmente por 16 espacios naturales protegidos distribuidos por todo el territorio: 11 en la península ibérica, cuatro en las islas Canarias y uno en las islas Baleares. El primero en ser declarado fue el Parque Nacional de los Picos de Europa en 1918, inicialmente denominado Parque Nacional de la Montaña de Covadonga.

De forma paralela a las instituciones oficiales, algunas comunidades rurales de todo el mundo también participan activamente en la conservación de las variedades cultivadas locales, lo que se conoce como conservación *on farm* o en campo, que les proporciona una mayor autosuficiencia y preserva los usos, conocimientos y prácticas culturales autóctonos. Cada temporada, los campesinos guardan una parte de las semillas de la cosecha para volver a sembrarlas al año siguiente y asegurar así que se preserven los genes de adaptación al medio en el que han evolucionado las variedades tradicionales. La puesta en marcha de este tipo de programas no es sencilla, ya que implica conservar un número muy elevado de variedades en diferentes ubicaciones que abarquen condiciones de cultivo muy diversas. Tampoco es fácil encontrar personas dispuestas a cultivar estas variedades, ya que, en la mayoría de los casos, el rendimiento es considerablemente menor que en la agricultura convencional.

En cualquier caso, es necesario proporcionar a los agricultores interesados los medios y la formación necesarios para garantizar la correcta conservación de los materiales y evitar las mezclas o la polinización cruzada con otras variedades sembradas en las proximidades. Aunque la conservación *in situ* se ha aplicado principalmente a especies silvestres o a especies forestales, se ha visto que la gestión *in situ* de las semillas de plantas cultivadas ofrece una serie de ventajas de índole socioeconómica y medioambiental que están impulsando a los países a promover estos programas de conservación. Esta estrategia consiste en cultivar variedades locales en los agrosistemas donde se originaron, junto con las especies silvestres emparentadas con los cultivos. De esta forma, el proceso evolutivo de las plantas cultivadas y silvestres no se detiene.

Por todo lo expuesto anteriormente, podemos concluir que la conservación de las especies vegetales *ex situ* es una herramienta clave para preservar la agrobiodiversidad, especialmente ante la rápida degradación de los ecosistemas. No obstante, conlleva ciertos desafíos, como la pérdida de adaptaciones ecológicas y los elevados costes de mantenimiento. Al mismo tiempo, la conservación *in situ* puede verse afectada por fenómenos naturales extremos. Un ejemplo de ello ocurrió en el Parque Natural de Doñana, donde varios incendios forestales destruyeron extensas zonas de matorral y marisma en 2017 y años posteriores. Estos incendios afectaron a los hábitats naturales de especies silvestres como la jara pringosa (*Cistus ladanifer*) y otras especies endémicas, reduciendo las poblaciones locales y dificultando la regeneración natural de las semillas. Además, el fuego favoreció la expansión de especies invasoras, lo que complicó aún más la recuperación de las plantas nativas. Este caso evidencia la vulnerabilidad de la conservación *in situ* y pone de manifiesto la importancia de combinar ambas estrategias. Por tanto, es crucial que la conservación *ex situ* se complemente con esfuerzos de conservación *in situ* para proteger las plantas en su hábitat natural y garantizar su supervivencia a largo plazo.

CAPÍTULO 6

No todos los bancos guardan dinero

Nuestros antepasados aprendieron a reservar parte de la cosecha para garantizar la siguiente siembra. Esta práctica ya constituía una forma de conservación, sin duda primitiva, pero plenamente adecuada a sus necesidades. Con el paso del tiempo, se domesticaron las distintas especies y se generaron variedades adaptadas a los diferentes climas, suelos y necesidades. Cada rincón del planeta tenía su propio ecosistema y su propia biodiversidad. No fue hasta mediados del siglo XX, con la llegada de la agricultura moderna, cuando esta diversidad se vio amenazada. Muchas variedades tradicionales dejaron de ser rentables y fueron sustituidas progresivamente por unas pocas variedades comerciales que, sin duda, eran más productivas, pero a costa de una pérdida de biodiversidad que en muchos casos resultó irreversible.

Así nació la idea de crear los bancos de semillas. Ya en la década de 1920, el ingeniero agrónomo ruso Nikolái Vavílov (1887-1943) comprendió la importancia crucial de conservarlas y fundó en Leningrado lo que se considera el primer banco de germoplasma. Su trabajo se centró en preservar y estudiar la diversidad vegetal con el fin de mejorar los cultivos en la Unión Soviética. Viajó por todo el mundo para recoger y estudiar la mayor variabilidad genética posible de todo tipo de plantas cultivadas. En el verano de 1927, Vavílov visitó España y Portugal, donde recorrió montañas y valles en busca de variedades autóctonas de escanda, un tipo de trigo cuya característica principal es que el grano está envuelto por la gluma y no se desprende después de la trilla sin la ayuda de molinos especiales. Los detalles de su paso por España están maravillosamente narrados en el libro de Pablo Huerga Melcón, *Vavílov en España. Una odisea en busca de la escanda* (2022). Este científico propuso el concepto de centros de origen de las plantas cultivadas, que son las regiones que albergan la mayor diversidad genética de los diversos grupos de plantas cultivadas y de sus parientes silvestres. Vavílov identificó siete centros, como se refleja en su obra *Cinco continentes* (2015). Desgraciadamente, en 1940 fue encarcelado por defender la genética moderna frente a las teorías oficiales soviéticas. Es paradójico que alguien tan comprometido con el papel fundamental de las semillas en la lucha contra el hambre terminara muriendo de inanición en prisión.

Tras la Segunda Guerra Mundial, y especialmente a partir de la década de 1970 con la modernización de la agricultura y la expansión de las variedades comerciales, creció la preocupación internacional por la seguridad alimentaria y la pérdida de variedades locales. Como respuesta, muchos países comenzaron a crear instituciones dedicadas a la conservación de estas semillas, lo que dio lugar al establecimiento de bancos de semillas con objetivos similares a los actuales. Se estima que hay más de 1700 bancos de semillas repartidos por todo el planeta. El más emblemático y reconocido es el Banco Mundial de Semillas de Svalbard, en Noruega, del que hablaremos más adelante. Este proyecto supone un hito en la historia de la conservación del germoplasma, ya que simboliza un paso decisivo de la humanidad hacia la cooperación internacional y la protección del futuro alimentario de las generaciones venideras.

Los bancos de semillas del CSIC

En España, el interés por la conservación de las semillas y las variedades tradicionales surgió de manera paralela al del resto de Europa. Durante las décadas de los sesenta y setenta, las universidades y los centros de investigación comenzaron a recopilar semillas de especies silvestres y cultivadas para su conservación. Ya en la década de los ochenta se consolidaron los bancos de germoplasma que conocemos hoy en día, gracias al programa que puso en marcha el Ministerio de Agricultura para conservar, estudiar y aprovechar la diversidad genética de nuestros cultivos, siguiendo las recomendaciones internacionales de la FAO.

Como vimos en el capítulo anterior, los bancos de semillas son instalaciones cuyo objetivo principal es conservar semillas durante largos periodos de tiempo, garantizando que mantengan su viabilidad y que estén disponibles para diversos fines, entre los que destacan la investigación científica y la agricultura. En España, esta labor la coordina la Red Española de Bancos de Germoplasma de Plantas Silvestres y Recursos Vegetales Autóctonos (REDBAG). Los bancos que forman parte de esta red cuentan con el apoyo de instituciones públicas y entidades privadas, lo que les permite disponer de los recursos materiales y humanos necesarios para avanzar en el conocimiento científico y técnico relacionado con la conservación del germoplasma. Actualmente, la red está integrada por diversas instituciones repartidas por todo el territorio nacional. Algunos dependen de las universidades, donde las semillas se conservan como material de estudio e investigación básica. Otras pertenecen a las comunidades autónomas y se centran en la protección de variedades locales. También hay centros de investigación que participan en la red y que se centran en el avance del conocimiento científico.

Una de las instituciones que forman parte de la red es el Consejo Superior de Investigaciones Científicas (CSIC), que contribuye con su experiencia, recursos y la participación de varios de sus centros de investigación especializados en la conservación y el estudio del germoplasma. Entre ellos, destacan varios centros clave:

- El Real Jardín Botánico (RJB-CSIC), fundado en 1755, se presenta a simple vista como un gran museo al aire libre en el paseo del Prado de Madrid, con miles de especies de plantas de todo el mundo organizadas de forma didáctica. Más allá de lo que perciben los visitantes, alberga un banco de germoplasma que conserva cerca de 3400 muestras de especies silvestres, tanto cultivadas en el propio jardín como recolectadas en expediciones científicas por toda la península.
- Por su parte, el Centro Nacional de Recursos Fitogenéticos-CRF (INIA-CSIC), fundado en 1981 y situado en Alcalá de Henares, conserva la memoria de los agricultores, mientras que el banco del Jardín Botánico guarda la memoria de la naturaleza silvestre. El CRF es el banco de referencia en España para los recursos fitogenéticos (definidos como el material de origen vegetal que incluye semillas, plantas, material de vivero con valor real o potencial para la alimentación y la agricultura tales como variedades tradicionales, mejoradas y especies silvestres) y uno de los más importantes de Europa, con miles de semillas de unas 1500 especies de cereales, leguminosas y hortícolas, en su mayoría variedades locales aportadas por agricultores, junto con especies silvestres emparentadas con los cultivos.
- La Misión Biológica de Galicia (MBG-CSIC), ubicada en un entorno rural del norte de la península, lleva casi un siglo dedicada al estudio y la mejora de los cultivos propios de la región, como el maíz, las judías, los guisantes y las brásicas (col, repollo, grelos, etc.), todos ellos de gran valor económico y cultural.
- Por último, el banco de germoplasma del Instituto de Hortofruticultura Subtropical y Mediterránea "La Mayora" (IHSM-CSIC), de Málaga, incluye conservación *in situ*, con colecciones de frutales (aguacate, chirimoyo y mango), y conservación *ex situ*, con una colección de hortícolas entre las que destacan el melón y el tomate. También cuenta con una amplia representación

de especies silvestres, principalmente recolectadas en campañas realizadas en Centroamérica y Sudamérica durante las décadas de 1970 y 1980.

Estos son solo cuatro ejemplos de los bancos y centros más destacados dedicados a la conservación de semillas del CSIC, pero no debemos olvidar la extensa red que existe en España, donde las semillas se conservan como auténticas joyas.

Svalbard: la bóveda de semillas que protege el futuro de la agricultura

Svalbard no es solo un punto remoto en el mapa, sino un lugar estratégico para la conservación de la agrobiodiversidad. El Banco Mundial de Semillas localizado en Svalbard, una especie de arca de Noé vegetal, es una infraestructura científica mundial que se encuentra en una isla del archipiélago ártico de Svalbard, a 1300 km del Polo Norte (figura 9). También conocido como la Bóveda del Fin del Mundo, se inauguró en 2008, aunque la idea se empezó a gestar en los años ochenta. Este banco funciona como un seguro de respaldo para los otros bancos de semillas. Noruega proporcionó el emplazamiento y la financiación, y el proyecto se desarrolló en colaboración con el Global Crop Diversity Trust y NordGen. La ubicación fue elegida por su clima frío y estable, el permafrost y la baja actividad sísmica. La bóveda, situada en el interior de una montaña excavada, está preparada para resistir terremotos, inundaciones, guerras e incluso el aumento del nivel del mar.

En su interior no se llevan a cabo labores de investigación ni se multiplican las semillas, su única función es almacenarlas en cámaras de congelación. En caso de fallo eléctrico, el permafrost garantiza que las semillas permanezcan congeladas durante mucho tiempo. La bóveda abre sus puertas dos veces al año para recibir envíos de bancos de semillas de todo el mundo. Cada institución deposita allí duplicados de sus colecciones, que siguen siendo de su propiedad. En junio de 2022, el INIA-CSIC envió las primeras 1080 variedades españolas, entre las que se encontraban 300 variedades de cereales de invierno, 510 de leguminosas, 200 de hortícolas y 108 de maíz.

FIGURA 9
Puerta de acceso a la Bóveda Global de Semillas de Svalbard (Noruega).

FUENTE: EXTRAÍDA DE INTERNET Y RETOCADA CON HERRAMIENTAS DE INTELIGENCIA ARTIFICIAL.

Para ser depositadas en la bóveda, las semillas deben cumplir una serie de requisitos: deben ser ortodoxas, estar completamente limpias, correctamente documentadas y envasadas en sobres de aluminio herméticos. Una vez dentro, cada envío se somete a un control por rayos X, pero las semillas no se abren ni se manipulan en ningún momento. Este riguroso procedimiento garantiza su preservación a largo plazo. En la actualidad, la bóveda alberga más de un millón de muestras de cereales, leguminosas, hortalizas, plantas forrajeras y otras especies de prácticamente todos los rincones del mundo, y funciona como un verdadero respaldo global para la seguridad alimentaria.

Desde su inauguración, el Banco Mundial de Semillas de Svalbard ha demostrado su utilidad. La guerra civil siria obligó al Centro Internacional de Investigación Agrícola en Zonas Áridas (ICARDA) a evacuar su banco de germoplasma. Afortunadamente, en 2015 y 2017, el ICARDA retiró algunas muestras de la Bóveda Global de Semillas para multiplicarlas en campos situados en el Líbano y Marruecos. Parte de estas semillas volvió a Svalbard, mientras que otras se incorporaron a los bancos de ICARDA en esos países para su conservación y posterior distribución. Más allá de su valor científico, la Bóveda Global de Semillas tiene un enorme valor simbólico, ya que en ella se custodian semillas de países que podrían estar en conflicto, sin banderas ni ideologías, solo sobres etiquetados, como garantía de la seguridad alimentaria del futuro. Millones de semillas almacenadas de manera segura, sin necesidad de ser utilizadas, pero listas para sembrarse si algún día fuera necesario.

Millennium Seed Bank: el refugio mundial para las semillas de la flora silvestre

El Real Jardín Botánico de Kew alberga el Millennium Seed Bank, ubicado en Wakehurst (Reino Unido) e inaugurado en el año 2000. Se trata del mayor banco de semillas de flora silvestre, con más de 2500 millones de semillas de 46 000 especies y taxones diferentes, que representan el 16% de las plantas con semillas del mundo. Su objetivo es preservar la diversidad vegetal del planeta frente a las amenazas del cambio climático, la pérdida de los hábitats naturales y la extinción de especies vegetales. Además de su función como banco de semillas, en el Millennium Seed Bank se llevan a cabo proyectos de investigación sobre diversos aspectos relacionados con la biología de las semillas, las técnicas de germinación y los métodos de conservación, con el fin de facilitar la recuperación de especies en peligro y la restauración de ecosistemas degradados. Cuenta con una amplia red internacional de colaboradores en más de 100 países que participan en la recolección, en el estudio y en la conservación del germoplasma vegetal.

Algunas de las colecciones de semillas se almacenan en cámaras de congelación, mientras que otras se conservan en nitrógeno líquido a −196 °C en tanques de crioconservación.

Gracias a este trabajo coordinado de conservación, investigación y cooperación global, el Millennium Seed Bank desempeña un papel fundamental en la protección de la diversidad vegetal y en la preservación de los recursos genéticos imprescindibles para el mantenimiento de los ecosistemas y la seguridad alimentaria. Algunas de las semillas de este banco se pueden admirar en el libro *Semillas. La vida en cápsulas de tiempo* (2020), del morfólogo Wolfgang Stuppy y del artista Rob Kesseler, en el que ilustran con fotografías de primer plano y micrografías electrónicas de barrido la increíble diversidad del mundo vegetal.

El día a día en un banco de semillas, protocolos y rutinas

Pensemos en los armarios de nuestra cocina y en ese paquete de lentejas o garbanzos. Cada una de esas semillas ha recorrido un largo camino hasta llegar a las estanterías del supermercado, donde espera pacientemente a ser consumida. Los agricultores siembran, cultivan y cuidan con esmero estas semillas que nos alimentan y las cosechan en el momento óptimo de maduración. Después, las transportan hasta las distintas industrias o fábricas, donde los trabajadores las limpian, clasifican según su tamaño o calidad, analizan para garantizar su consumo y, finalmente, envasan para su uso: en este caso, la alimentación.

En un banco de semillas sucede algo muy parecido, aunque con un objetivo diferente: la conservación a largo plazo. Para ello, es fundamental seguir los procedimientos adecuados, que abarcan una serie de actividades interconectadas que garantizan que las semillas almacenadas sean de la mejor calidad y alcancen el máximo nivel de longevidad. En las próximas páginas vamos a viajar, como si fuéramos una semilla, a través de los distintos procesos y etapas que tienen lugar en los bancos de semillas. Más concretamente, veremos cómo se trabaja en el CRF, ya que, aunque cada banco de semillas establece sus propios protocolos de trabajo, siempre se siguen las directrices marcadas por distintos organismos como la FAO, Bioversity International y la International Seed Testing Association (ISTA), cuyas guías técnicas recogen las normas de análisis de semillas que sirven como referencia internacional para evaluar parámetros como la pureza, la viabilidad o la germinación de las semillas.

Aunque podríamos pensar que todo comienza cuando las semillas llegan al banco, su historia empieza mucho antes. Cada semilla tiene un origen que hay que conocer: puede proceder de la donación de un agricultor o agricultora, de otro banco de semillas o de expediciones planificadas para conservar la diversidad, completar colecciones o proporcionar material para investigación. Como hemos señalado, estas expediciones están muy planificadas; no se trata simplemente de salir al campo a recolectar semillas. Se programan según la época del año y los ciclos de cada planta para garantizar que las semillas se recojan en el momento óptimo de maduración, cuando presentan el mayor vigor y tolerancia a la desecación. Esta madurez se identifica por el color del fruto o de la propia semilla: por ejemplo, las pipas de girasol no están listas hasta que adquieren el característico color negro rayado, mientras que en los cereales se observa la aparición de una capa negra en la base del grano. Una vez recolectadas, las semillas se transportan con cuidado en bolsas de tela o de papel que permiten la circulación del aire o en cestas que evitan que los frutos se aplasten entre sí y los protegen del calor, la humedad y los golpes que puedan comprometer su viabilidad.

Al llegar al banco, el personal técnico asigna un número de registro a cada semilla y documenta toda la información de su "pasaporte", es decir, la especie, el lugar y la fecha de recolección, la fenología y el estado sanitario. También comprueban su calidad y capacidad de germinación, y verifican que no haya duplicados mediante observación o análisis científico.

Cuando el proceso de registro de la semilla concluye con éxito, el equipo pasa a la fase de limpieza, que consiste en eliminar todo aquello que no forma parte de la muestra o que puede comprometer su calidad, como semillas de otras especies, insectos, material inerte, como tierra o piedras, y semillas rotas, deformadas o con signos evidentes de enfermedad. Aunque este paso parece sencillo, es fundamental para garantizar la viabilidad de las semillas que se van a conservar y para que las fases siguientes del trabajo se desarrollen sin problemas. Además, al retirar los restos vegetales, la tierra y otros materiales que acompañan a las semillas tras la recolección, el volumen inicial se reduce, lo que facilita su manipulación y optimiza el espacio de almacenamiento. Lo ideal es realizar la limpieza de forma manual, con paciencia y cuidado, para evitar dañar las semillas y generar menos desperdicio. Se trata de un trabajo minucioso que exige atención y delicadeza, ya que cada semilla ha de ser observada y seleccionada minuciosamente. De la calidad de esta selección depende en gran medida el éxito en fases posteriores.

Aunque todos los pasos del proceso de conservación de semillas son importantes, el secado ocupa un lugar especialmente relevante. Cuando se recolecta una semilla, suele tener un alto contenido de humedad, lo que favorece su respiración, la germinación prematura y el desarrollo de microorganismos (hongos y bacterias, principalmente) y plagas. Por eso, tras la limpieza, es fundamental reducir su contenido de humedad al 10-15%, valores que permiten minimizar la actividad metabólica de la semilla sin comprometer su viabilidad. Este bajo contenido de humedad, junto con las bajas temperaturas de almacenamiento utilizadas en los bancos de germoplasma, permite prolongar considerablemente la longevidad de las semillas. Para secarlas, se disponen de manera que permitan una adecuada circulación del aire y se revisan periódicamente hasta alcanzar el nivel óptimo de sequedad. Este proceso se lleva a cabo en cámaras de desecación en las que se controla la temperatura y la humedad. Además, puede utilizarse gel de sílice, que absorbe la humedad y cambia de color cuando alcanza su capacidad máxima, lo que permite monitorizar visualmente el grado de sequedad.

Una vez desecadas, llega el momento de decidir cuál será el siguiente paso. Si sabemos que el lote de semillas germina correctamente, podemos almacenarlo directamente. En caso contrario, primero se realiza una prueba de germinación para asegurarnos de que la semilla está viva y es apta para el almacenamiento a largo plazo. Esta prueba permite evaluar la viabilidad del lote, es decir, determinar cuántas semillas están vivas y tienen capacidad para desarrollarse hasta convertirse en plantas adultas que puedan reproducirse y producir frutos.

Para ello, se selecciona una muestra representativa del lote, que suele constar de entre 50 y 100 semillas, en función del tamaño total de la colección. A continuación, se colocan en un sustrato limpio y estéril, como arena, turba o papel, y se les proporciona la cantidad adecuada de agua, luz y temperatura. Algunas semillas, especialmente las de especies silvestres, necesitan un estímulo adicional para germinar. En estos casos, es necesario escarificarlas, es decir, abrir con cuidado su cubierta, o simular ciertas condiciones de frío, humedad u otros factores específicos según las necesidades de cada especie. Durante varios días o semanas, se observa cómo germinan las semillas y se anota si lo hacen de manera normal, irregular o si no lo consiguen.

Se anota cada detalle, ya que proporciona información valiosa sobre la salud y la viabilidad del lote. Finalmente, se calcula el porcentaje de germinación. Si este porcentaje es alto, superior al 85%, las semillas están listas para seguir almacenándose a largo plazo. Si es más bajo, hay que considerar distintas opciones. Esto ocurre con frecuencia en lotes que ya han sido almacenados, donde la germinación puede ser muy baja. En estos casos, es necesario revisar las condiciones de almacenamiento y, si se trata de accesiones únicas, raras o de alto valor genético, regenerar el lote. La regeneración consiste en multiplicar las semillas en el campo y cultivarlas de manera controlada para preservar su variabilidad genética original.

Una vez obtenidas las nuevas semillas, comienza un nuevo ciclo dentro del banco de germoplasma.

Cuando los ensayos de germinación confirman que las semillas son viables, se inicia la última fase del proceso: el almacenamiento. Para ello, los bancos de semillas cuentan con cámaras especiales con control de temperatura y, en algunos casos, también de humedad. Estas instalaciones disponen de aislamiento térmico, sistemas de monitorización, generadores, alarmas y protocolos de mantenimiento que garantizan un ambiente estable y seguro. Las semillas se colocan ordenadas por su número de pasaporte en estanterías, lo que facilita su acceso y evita manipulaciones innecesarias.

En el CRF hay dos tipos de cámaras destinadas a la conservación de semillas. La cámara activa, que se mantiene a una temperatura de –4 °C, se utiliza para la conservación a corto y medio plazo. En ella se almacenan las semillas de uso más frecuente, ya que se utilizan para atender las solicitudes de otros bancos o de distintos usuarios. Estas semillas se guardan en frascos de vidrio herméticos equipados con detectores de humedad que cambian de color en caso de fallo. Por su parte, la cámara base, mantenida a –18 °C, se reserva para el almacenamiento a largo plazo. En este caso, las semillas se conservan en contenedores de aluminio similares a una lata de conserva que las aíslan por completo de la humedad, los gases y la luz. Algunas se envasan al vacío o en atmósferas modificadas con bajo contenido de oxígeno para ralentizar su envejecimiento. De este modo, el CRF garantiza que cada semilla reciba las condiciones adecuadas para su conservación y contribuye a la preservación de la biodiversidad agrícola.

Así concluye el viaje en el que hemos acompañado a las semillas (figura 10). Como hemos visto, cada ejemplar recibe cuidados y atención en todas las etapas de conservación. Desde la recolección hasta el almacenamiento final, hay que asegurarse de mantener su viabilidad y proteger su variabilidad genética, de modo que pueda germinar cuando sea necesario. De esta manera, las labores que se llevan a cabo en los bancos de semillas no solo permiten conservar la vida vegetal, sino que también garantizan la preservación de la biodiversidad agrícola para las generaciones presentes y futuras, y aseguran que dispongan de los recursos genéticos esenciales para la alimentación, la agricultura y el equilibrio de los ecosistemas.

Figura 10
Esquema del recorrido de las semillas en un banco.

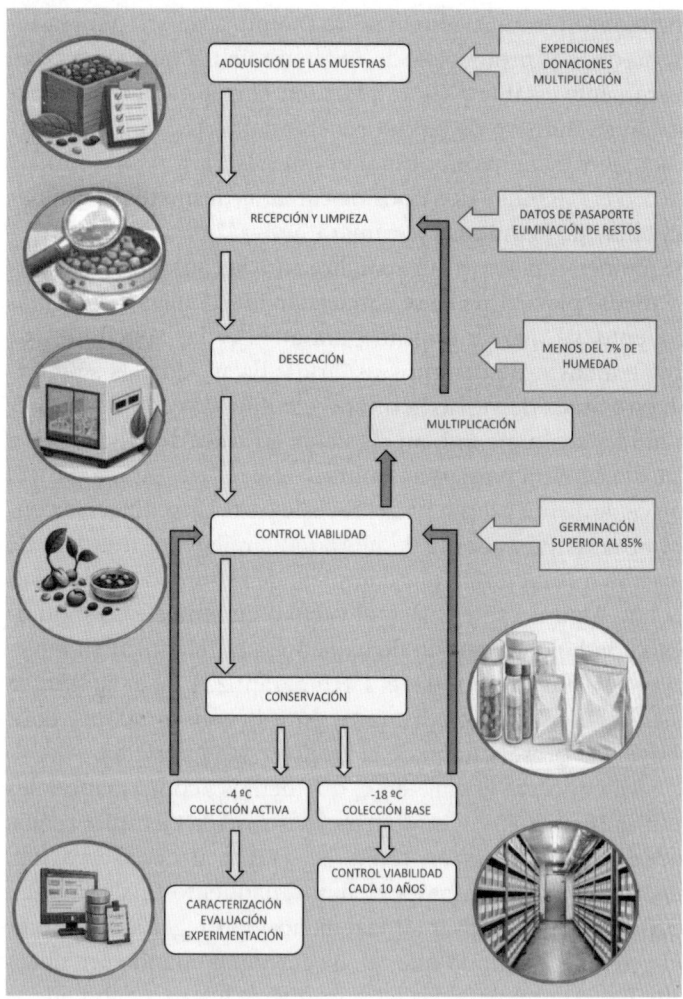

Fuente: Elaboración propia.

CAPÍTULO 7

Gastronomía y cultura en pequeñas dosis

Si nos detenemos a pensar en la presencia de las semillas en nuestra vida cotidiana, probablemente nos sorprenderemos, ya que muchas veces no somos conscientes de hasta qué punto forman parte de nuestro día a día. Están presentes de manera directa en nuestra alimentación y en la de los animales, ya que de ellas obtenemos cereales, legumbres, frutos secos y aceites esenciales. Además, muchas semillas se utilizan para elaborar medicamentos y productos cosméticos gracias a sus propiedades nutritivas, terapéuticas y regeneradoras. También desempeñan un papel importante en distintos sectores industriales, así como en la jardinería y la agricultura, donde son la base de la producción de alimentos y del mantenimiento de los ecosistemas. También tienen un valor cultural y artístico, pues desde tiempos antiguos se han empleado en la artesanía, en rituales y en tradiciones de numerosos pueblos, donde simbolizan la vida, la fertilidad y la continuidad.

Las semillas nos alimentan

Dentro de esta categoría se encuentran alimentos de origen vegetal que han acompañado a la humanidad desde la antigüedad y que siguen teniendo un papel fundamental en la alimentación actual. Los frutos secos, como las almendras y las nueces, se han consumido a lo largo de la historia por su alto contenido en grasas saludables, vitaminas y minerales, lo que los convierte en una importante fuente de energía y en un aliado para el buen funcionamiento del organismo. Junto a ellos, destacan las semillas de sésamo, una de las oleaginosas más antiguas, de la que se tienen evidencias de su uso desde hace más de 4000 años en la antigua Mesopotamia. Se consumen habitualmente en preparaciones sencillas, como aliños para ensaladas, y en la elaboración de pastas y aceites, y aportan proteínas, minerales esenciales y ácidos grasos beneficiosos para la salud. Del mismo modo, las semillas de calabaza y de girasol ocupaban un lugar relevante en la dieta de los pueblos nativos de América, que las consumían por su elevado valor energético y su riqueza en proteínas. En la actualidad, estas semillas siguen siendo apreciadas por su sabor y sus propiedades nutricionales.

Las legumbres más consumidas por el ser humano son las judías, las lentejas, los guisantes, los garbanzos y las habas, aunque en la alimentación humana y animal se emplean unas 150 especies de leguminosas. Son una excelente fuente de proteínas y contienen aminoácidos esenciales. Combinadas con cereales, aportan proteínas de alto valor biológico. También destacan por su elevado contenido en hidratos de carbono de absorción lenta, fibra alimentaria de calidad y minerales como el calcio, el hierro, el zinc y el magnesio, así como por su aporte de vitaminas del grupo B, especialmente la tiamina, que es fundamental para el correcto funcionamiento del corazón. Su bajo contenido en grasas, mayoritariamente insaturadas, como los ácidos grasos omega 6 y omega 9, y su reducido índice glucémico las convierten en un alimento especialmente recomendable. El proceso de cocción mejora su perfil nutricional al reducir compuestos tóxicos termolábiles y oligosacáridos sin afectar negativamente al contenido de proteínas y fibra. Además de sus beneficios nutricionales y sociales, las legumbres son fundamentales para la sostenibilidad agrícola, ya que fijan el nitrógeno atmosférico en el suelo, mejoran su fertilidad y reducen la necesidad de utilizar fertilizantes químicos.

Merecen una mención especial los cereales, que han acompañado a la humanidad desde hace miles de años y han sustentado el desarrollo de numerosas civilizaciones, desde las antiguas comunidades mesopotámicas y egipcias hasta las culturas americanas. Su domesticación marcó el inicio de la agricultura y permitió el asentamiento de comunidades, el crecimiento de las ciudades, así como el desarrollo de la economía y el comercio. En la actualidad, siguen siendo un pilar fundamental de la alimentación humana. Son la base de productos cotidianos como el pan, las harinas, las pastas y algunas bebidas fermentadas. Su riqueza en carbohidratos complejos proporciona energía de liberación sostenida, mientras que su contenido en proteínas, fibra, vitaminas del grupo B y minerales esenciales como el hierro, el magnesio y el zinc los convierte en un alimento completo y nutritivo. Además de aportar nutrientes, los cereales ofrecen beneficios funcionales para la salud, ya que la fibra mejora el tránsito intestinal, y los compuestos bioactivos presentes en los cereales integrales, como los antioxidantes y los fitoquímicos, pueden ayudar a prevenir enfermedades cardiovasculares y mantener un metabolismo saludable. Por todas estas razones, los cereales continúan siendo un alimento indispensable en la dieta de millones de personas en todo el mundo, que combina tradición, nutrición y versatilidad culinaria.

El oro líquido de los aceites y las grasas vegetales

Muchas semillas se prensan para obtener aceites con múltiples aplicaciones en alimentación e industria. Estos aceites se utilizan para cocinar, aliñar y conservar alimentos, y aportan energía y ácidos grasos beneficiosos para la salud. Entre los más comunes, el aceite de girasol destaca por su sabor suave, su versatilidad en la cocina y su contenido en ácidos grasos poliinsaturados y vitamina E. El aceite de soja es el más producido a nivel mundial y se caracteriza por su riqueza en ácidos grasos esenciales, vitaminas y compuestos que favorecen la salud cardiovascular. Otros aceites, como los de maíz y semillas de calabaza, son ricos en antioxidantes y ácidos grasos esenciales, por lo que se emplean en gastronomía e industria cosmética. De forma similar, el aceite de semilla de uva es rico en antioxidantes, no contiene colesterol y tiene efectos positivos sobre la salud cardiovascular y el cuidado de la piel, por lo que es adecuado para personas con determinadas patologías y está muy demandado en productos cosméticos. El aceite de colza, también conocido como canola, es un producto seguro y ampliamente consumido en el norte de Europa, mientras que el aceite de linaza destaca por su elevado contenido en omega 3, motivo por el que se utiliza con frecuencia como suplemento dietético. El aceite de cacahuete se usa en la cocina asiática por su sabor característico y su alto contenido en grasas monoinsaturadas. El aceite de algodón, menos conocido, se emplea principalmente en la industria alimentaria para elaborar aperitivos, margarinas y aliños, y así completar la amplia variedad de aceites vegetales obtenidos a partir de semillas.

Además del consumo alimentario, algunos aceites de semillas tienen aplicaciones industriales. El aceite de colza se utiliza como materia prima para producir biocombustibles, lo que lo convierte en un recurso importante dentro del ámbito de las energías renovables. Así, las semillas de colza desempeñan un papel destacado en el desarrollo industrial y en la búsqueda de alternativas energéticas más sostenibles, lo cual es fundamental para la transición hacia un modelo energético más ecológico y eficiente. Quizás echemos de menos en esta sección el aceite de oliva, tan asociado a la dieta mediterránea. La razón es sencilla: se obtiene del prensado de las aceitunas, el fruto del olivo, y no de las semillas. Además, este tema ya cuenta con su propio espacio en esta colección, concretamente en el libro *El aceite de oliva y la salud* (2025), de Javier Sánchez Perona.

Bebidas que despiertan los sentidos

Las semillas también son el ingrediente principal de algunas de las bebidas más consumidas y apreciadas del mundo. ¿Quién no ha disfrutado de un chocolate caliente en los días fríos de invierno? El cacao, procedente de la planta *Theobroma cacao*, era considerado un alimento sagrado por las antiguas culturas mesoamericanas, que lo utilizaban en rituales y en su vida cotidiana. En la actualidad, su transformación en chocolate sigue siendo una fuente de placer y bienestar para millones de personas.

Aunque, sin duda, la bebida de semillas más importante en muchas culturas es el café, obtenido del endospermo del fruto de *Coffea arabica*. El cafeto es una especie originaria de la región de Kaffa, en Etiopía, de donde toma su nombre. El café se ha convertido en una bebida imprescindible en la rutina diaria de millones de personas en todo el mundo. Los comerciantes venecianos la introdujeron en Europa desde Turquía en 1600 y los holandeses fueron los primeros europeos en obtener semillas fértiles, que cultivaron en un invernadero en 1616. Debido al clima poco favorable de los Países Bajos, llevaron las plantas a Asia y América, donde se inició su cultivo a gran escala. Durante el siglo XVIII, sus colonias se convirtieron en importantes suministradoras de café para Europa. Su aroma, sabor y efecto estimulante la han consolidado como un elemento central de la vida social y cultural de muchos países, trascendiendo su valor como simple alimento para convertirse en un símbolo de encuentro, conversación y tradición.

La cerveza, que se elabora mediante la fermentación de cereales como la cebada, pero también el trigo, la avena, el centeno, el maíz y el arroz, es otra bebida estrechamente vinculada al uso de semillas. Se consume desde hace miles de años y sigue siendo especialmente apreciada como bebida refrescante en los meses más calurosos.

En los últimos años, las bebidas vegetales se han popularizado debido al aumento de personas que siguen una dieta vegana, por sus beneficios nutricionales y por su menor impacto medioambiental. Se elaboran triturando y mezclando frutos secos, cereales o legumbres con agua y, a veces, se enriquecen con vitaminas y minerales. Entre las más consumidas se encuentran las de almendra, avena, soja, arroz y coco. Cada una de ellas tiene propiedades específicas: aportan proteínas, fibra, grasas saludables, vitaminas y minerales. Son aptas para personas con intolerancia a la lactosa o alergias a la leche. Además, generan menos emisiones y necesitan menos agua y tierra que la leche de origen animal, por lo que son una opción saludable, versátil y sostenible. Todos estos ejemplos muestran cómo las semillas, a través de distintos procesos de transformación, no solo aportan nutrientes, sino que también dan lugar a bebidas que forman parte de nuestras tradiciones, celebraciones y momentos de disfrute cotidiano.

Aromas y colores de las especias y los condimentos

Históricamente, las especias han sido muy apreciadas por su aroma exótico y su elevado precio; en la actualidad, se cultivan principalmente en regiones tropicales. Provienen de distintas partes de las plantas. Por ejemplo, de la corteza, como en el caso de la canela; de los rizomas, como la cúrcuma; de las flores, como el clavo; y de los frutos, como la nuez moscada. También se han utilizado durante siglos las semillas de mostaza, anís y pimienta para realzar sabores, aromatizar platos y aportar color. Su atractivo se debe a que los aromas actúan directamente sobre el sistema límbico, que es el encargado de las emociones y los instintos, generando reacciones inmediatas de agrado o desagrado. Al combinarse con el gusto, potencian la experiencia sensorial de la comida, lo que consolida a las especias como un elemento central de la gastronomía y la cultura. Además de su valor culinario, las especias tienen propiedades nutricionales y medicinales, ya que son ricas en antioxidantes, minerales y vitaminas, favorecen la digestión y optimizan la respuesta metabólica de los alimentos. Algunas ayudan a reducir el consumo de sal y tienen un efecto termogénico que facilita la quema de calorías y la movilización de la grasa sin aportar energía extra. Así, las especias no solo enriquecen los sabores de nuestros platos, sino que también contribuyen al bienestar y la salud en general.

Las semillas que nos curan

Durante siglos, muchas de las semillas que hoy conocemos fueron utilizadas por nuestros antepasados como auténticas medicinas naturales. El hinojo, el lino y el comino mejoran la digestión y regulan el tránsito intestinal; las semillas de uva, el sésamo o ajonjolí favorecen la circulación y la salud del corazón, y el cardo mariano, cuyas semillas contienen silimarina, que es un potente antioxidante hepático. Otras ayudan a equilibrar el sistema hormonal y a reforzar el sistema inmunitario, como las de calabaza o las de girasol; otras contribuyen a fortalecer los huesos y a proteger el sistema urinario, como las de sésamo o las de lino. En la actualidad, muchas de estas semillas se siguen utilizando en herbolarios y tiendas especializadas. Además, sus principios activos se han incorporado a formulaciones farmacéuticas en forma de cápsulas, extractos o suplementos, lo que permite aprovechar sus propiedades de manera segura y controlada. De este modo, las semillas continúan siendo un vínculo entre la medicina ancestral y la ciencia moderna, combinando tradición, nutrición y salud.

Las semillas en la cosmética

Los aceites extraídos de semillas se usan en la industria cosmética por sus múltiples propiedades hidratantes, nutritivas, regeneradoras, antioxidantes, antiinflamatorias y antibacterianas. El aceite de girasol es ideal para hidratar y regenerar la piel seca o dañada. El aceite de sésamo, que también es rico en antioxidantes naturales, protege frente al envejecimiento prematuro y calma las irritaciones. Por su parte, el aceite de cáñamo, que contiene omega 3 y omega 6, aporta elasticidad y nutrición profunda a la piel y al cabello seco o quebradizo. El aceite de calabaza, por su parte, destaca por su contenido en antioxidantes y minerales, que fortalecen uñas y cabello, y revitalizan la piel apagada. El aceite de almendra es especialmente suave y perfecto para pieles sensibles y para prevenir estrías. El aceite de argán, conocido como oro líquido, posee propiedades reparadoras que ayudan a reducir las puntas abiertas y a hidratar la piel en profundidad. El aceite de semillas de rosa mosqueta tiene propiedades regeneradoras y es eficaz para atenuar cicatrices, manchas de la piel y signos de envejecimiento.

Otras semillas que aportan numerosos beneficios son las de la jojoba, cuyo aceite es en realidad una cera líquida que regula la producción de sebo y mantiene la piel equilibrada. El aceite de uva contiene antioxidantes y ácido linoleico, que protegen frente a los radicales libres y aportan firmeza a la piel. El aceite de lino, rico en ácidos grasos omega 3, nutre y fortalece el cabello y las uñas. Otro ejemplo es el aceite de ricino, que estimula el crecimiento del cabello y de las pestañas. Estos aceites se emplean en una amplia gama de productos cosméticos, como cremas, lociones, sérums, champús, bálsamos y aceites corporales.

Los usos industriales de las semillas

El uso industrial de las semillas es mucho más amplio de lo que imaginamos. Además de su papel esencial en la alimentación humana y animal, las semillas son materias primas versátiles que aportan soluciones sostenibles y son respetuosas con el medioambiente en diversos sectores. En la industria química, las semillas oleaginosas, como las de girasol, soja o ricino, proporcionan aceites vegetales que sirven como base para la fabricación de lubricantes, pinturas, barnices, tintes y limpiadores ecológicos. El aceite de ricino tiene propiedades lubricantes y constituye una alternativa vegetal a los derivados del petróleo. Los compuestos de origen vegetal son menos tóxicos para el medioambiente, más biodegradables y hacen que disminuya nuestra dependencia de los recursos fósiles.

En la industria textil, muchas fibras provienen de semillas. La más conocida es el algodón, que lleva acompañando al ser humano desde hace siglos. Estas fibras naturales se han utilizado a lo largo de la historia para confeccionar ropa, textiles del hogar y elementos decorativos. En los últimos años, estas fibras naturales han ganado protagonismo frente a las sintéticas gracias a su bajo impacto ambiental, su capacidad de reciclaje y su biodegradabilidad. Además, su producción sostenible puede reducir significativamente el consumo de recursos fósiles y de productos químicos agresivos, lo que contribuye a la reducción de la contaminación y a la preservación del suelo.

La investigación textil actual busca ir más allá de los usos tradicionales y está desarrollando nuevas fibras a partir de semillas y subproductos vegetales, como las fibras de soja, cáñamo o lino reciclado, con el fin de crear tejidos más sostenibles y versátiles. Al mismo tiempo, se fomentan procesos de producción menos agresivos con el medioambiente, como métodos de teñido y acabado que reducen el consumo de agua y energía. Este enfoque combina la innovación tecnológica con el aprovechamiento de los recursos naturales y ofrece alternativas ecológicas para la industria textil, además de promover un modelo de consumo más responsable.

La industria energética también aprovecha las semillas para producir biodiésel a partir de semillas de colza, soja o girasol. Estos biocombustibles buscan sustituir, parcial o totalmente, los combustibles fósiles, lo que contribuye a la reducción de las emisiones de gases de efecto invernadero y a la diversificación de las fuentes de energía. En la industria de los materiales, se desarrollan bioplásticos a partir de semillas de maíz o de soja, que ofrecen alternativas biodegradables a los plásticos derivados del petróleo. Estos bioplásticos son útiles para envases y utensilios de un solo uso y contribuyen a reducir la huella ambiental de nuestro consumo.

Agricultura y jardinería

El uso más conocido y fundamental de las semillas es, sin duda, la agricultura. De ella derivan, directa o indirectamente, la mayoría de los demás usos que hemos mencionado. La agricultura comienza con la siembra de una semilla y, a partir de este acto, se construye todo un sistema productivo que sustenta nuestra alimentación, nuestra economía y gran parte de las industrias relacionadas. Las semillas son el punto de partida que nos proporciona alimentos, aceites, fibras textiles, materias primas y recursos energéticos, y constituyen la base de la vida y de la actividad humana. En los sectores agroalimentario y ganadero, las semillas son fundamentales, ya sea como alimento directo o como base para elaborar piensos y suplementos. Semillas como las de girasol, avena, veza, soja o maíz se transforman en harinas o aceites que mejoran la nutrición, el bienestar y el rendimiento del ganado, ya que le aportan proteínas, ácidos grasos y antioxidantes, lo que se traduce en productos de origen animal de mayor calidad.

La jardinería, como especialidad de la agricultura, se centra en el cultivo de flores, arbustos, plantas ornamentales y césped, en lugar de en la producción de alimentos. Las plantas crean espacios verdes, desde jardines domésticos hasta parques urbanos y zonas de recreo, que ofrecen múltiples beneficios a la población. Además de embellecer los entornos, las plantas contribuyen a reducir la contaminación del aire al capturar partículas y gases nocivos y ayudan a regular la temperatura ambiental, lo que mitiga el calor en los meses más cálidos. Desde el punto de vista social, los jardines y las zonas verdes fomentan la actividad física, el ocio al aire libre y el contacto con la naturaleza, algo especialmente valioso en las ciudades muy pobladas. Numerosos estudios demuestran que la presencia de vegetación reduce el estrés, mejora el estado de ánimo y favorece la salud mental. La jardinería también desempeña un papel educativo crucial, ya que permite comprender el ciclo de vida de las plantas y fomenta el respeto por el medioambiente desde edades tempranas. Proyectos como huertos escolares, jardines comunitarios o iniciativas de agricultura urbana acercan a la población al origen de los alimentos y refuerzan la conciencia sobre la importancia de conservar la biodiversidad vegetal.

Las semillas en la cultura y la artesanía

La próxima vez que visitemos un museo de artes decorativas, arqueológico, histórico o incluso religioso, debemos fijarnos bien en sus vitrinas, ya que es muy probable que encontremos semillas o piezas elaboradas a partir de ellas. En el Museo Spurlock de Illinois (Estados Unidos) se puede ver un collar compuesto de semillas, conchas y corales típicos de la laguna de Langa Langa (Islas Salomón), que forma parte de su colección de adornos corporales tradicionales de Oceanía. A menudo pasan desapercibidas, pero a lo largo de la historia de la humanidad han sido una materia prima muy valiosa en la artesanía, especialmente para la creación de joyas y adornos personales. En muchas culturas indígenas de América del Sur, así como en civilizaciones como la maya y la azteca, se elaboraban collares, pulseras, pendientes y otros adornos con semillas. Gracias a su gran variedad de formas, colores y texturas, estas piezas no solo eran estéticamente atractivas, sino que también representaban la identidad, el estatus y la pertenencia a un grupo. Mediante estos objetos, los pueblos se reconocían, se diferenciaban y transmitían símbolos culturales y sociales.

Algo similar ocurría en otras culturas antiguas, como la egipcia, donde las semillas desempeñaban un papel central tanto en la vida cotidiana como en la esfera religiosa. Se les atribuían significados profundos relacionados con la vida, la muerte, la regeneración y el ciclo eterno de la naturaleza. Las semillas de loto simbolizaban la pureza, el renacimiento y la vida eterna, y se empleaban en rituales religiosos y funerarios, así como para elaborar collares, amuletos y ofrendas que protegían al difunto en su tránsito hacia el más allá. Incluso hoy en día seguimos usando semillas con fines simbólicos y rituales. Un ejemplo cotidiano es la costumbre de arrojar arroz a los novios al salir de la iglesia para desearles prosperidad, riqueza y buena suerte.

Más allá de su valor simbólico y ornamental, algunas semillas desempeñaron un papel crucial en la economía de determinadas culturas. Las civilizaciones maya y azteca utilizaban las semillas de cacao como moneda para intercambiar bienes, pagar servicios e incluso tributos, lo que demuestra que su importancia iba mucho más allá de la alimentación. En definitiva, las semillas están presentes en nuestra vida cotidiana y han sido fundamentales no solo en la agricultura y la alimentación, sino también en la industria, la artesanía, la cultura y la medicina. Esto subraya la importancia de preservar, valorar y proteger los recursos fitogenéticos de manera consciente y sostenible, para garantizar que las generaciones futuras puedan seguir beneficiándose de su diversidad y riqueza.

CAPÍTULO 8

Las semillas que cambiaron la historia de la ciencia

Desde su domesticación en los albores de la agricultura hasta los avances de la investigación moderna, las semillas han sido determinantes en el progreso de la ciencia. Gracias a ellas, hemos llegado a comprender algunos de los mecanismos básicos de los procesos biológicos. En este capítulo, veremos cómo las semillas de plantas como el guisante (*Pisum sativum*), el maíz (*Zea mays*) y el trigo (*Triticum aestivum*) han sido protagonistas fundamentales en la historia de la ciencia. Gregor Mendel (1822-1884) sentó las bases de la herencia genética con sus famosos experimentos con guisantes. Décadas después, el maíz hizo posible que Barbara McClintock (1902-1992) descubriera los transposones o genes saltarines, lo que transformó por completo nuestra comprensión del genoma. Por último, el trigo fue el protagonista de la revolución verde del siglo pasado, ya que la mejora genética de sus semillas multiplicó la producción mundial de este cultivo y ayudó a alimentar a millones de personas en todo el mundo.

Los guisantes y las leyes de la herencia genética

La genética es la rama de la biología que estudia cómo se transmiten los caracteres hereditarios de generación en generación, un concepto que hoy nos resulta familiar y casi evidente. Su desarrollo se debe en gran medida a los experimentos con semillas de guisantes que realizó el monje agustino Gregor Mendel, reconocido como el padre de esta disciplina. Mendel tenía una formación sólida en matemáticas y física, lo que le permitió aplicar los análisis estadísticos y el método científico para planificar sus experimentos. Aunque inicialmente había comenzado a investigar con ratones y abejas, se dio cuenta de que las plantas eran mucho más versátiles. Eligió el guisante debido a la cantidad de variedades existentes, a que era fácil de cultivar y polinizar y a la facilidad que tenían las semillas para germinar. Además, se trataba de una especie comestible seleccionada durante siglos, lo que garantizaba tener líneas estables, o lo que hoy se llamarían líneas puras.

Hoy en día, podemos visitar el Museo Mendel en Brno (República Checa), situado en el monasterio donde vivió Mendel, y entrar en el invernadero construido sobre los cimientos del original, donde realizó un trabajo experimental muy exhaustivo con 34 variedades de guisantes y unas 30 000 plantas entre 1856 y 1863, cruzándolas y observando los cambios que se producían a lo largo de las generaciones. Centró sus observaciones en siete caracteres bien definidos: el color de la flor (blanco o púrpura), la posición de la flor (axilar o terminal), el color de las semillas (verde o amarillo), la forma de las semillas (lisa o rugosa), el color de la vaina (verde o amarillo), el aspecto de la vaina (gruesa y separada de las semillas o pegada a ellas) y la altura de las plantas (altas o bajas). Para controlar la genealogía de las plantas, Mendel desarrolló un método de cruzamiento muy meticuloso. Como cada flor posee órganos masculinos y femeninos, cuando quería cruzar dos variedades distintas, retiraba los estambres de una flor y la polinizaba con el polen de la otra. De este modo, pudo seguir con exactitud la transmisión de los caracteres a lo largo de las generaciones.

FIGURA 11
Guisantes rugosos y lisos.

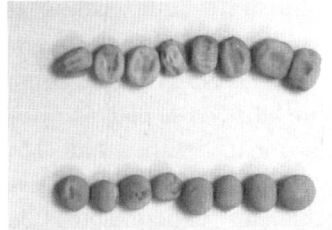

FUENTE: ELABORACIÓN PROPIA. SEMILLAS DEL CENTRO
DE RECURSOS FITOGENÉTICOS (INIA-CSIC).

Mendel cruzó plantas que diferían en un solo carácter, por ejemplo, semillas verdes o amarillas. Observó que, en la primera generación de descendientes (híbridos), todos los individuos mostraban únicamente uno de los caracteres, al que denominó dominante (el color amarillo, en este caso), mientras que el color verde permanecía oculto y lo denominó recesivo. Sin embargo, al autofecundar la primera generación de híbridos, el color verde de las semillas reaparecía en la siguiente generación en aproximadamente una de cada cuatro plantas, lo que dio lugar a la conocida proporción de tres plantas con el carácter dominante por cada una con el recesivo.

Al analizar más detenidamente las plantas que tenían las semillas amarillas, descubrió algo aún más revelador: no todas eran iguales. Algunas transmitían siempre el mismo carácter, mientras que otras seguían siendo híbridas y podían transmitir ambos caracteres, es decir, su descendencia seguía teniendo semillas amarillas y verdes. Así, dedujo una proporción más precisa, 1:2:1, que explicaba cómo se combinaban y segregaban los factores hereditarios. Este descubrimiento fue fundamental para comprender la herencia genética y supuso una auténtica revolución, ya que Mendel fue pionero en aplicar un enfoque cuantitativo y estadístico al estudio de la biología. A partir de ahí, pudo calcular el tipo y la frecuencia de la descendencia esperada al realizar un determinado cruzamiento y establecer sus conocidas leyes. Gracias a la observación de estos caracteres en las generaciones resultantes del cruce entre dos líneas puras, llegó a lo que ahora se conocen como las leyes de Mendel.

Presentó sus resultados por primera vez en dos conferencias en 1865 ante la Sociedad de Ciencias Naturales de Brno, pero su artículo "Experimentos sobre híbridos de plantas", publicado al año siguiente, pasó prácticamente desapercibido. No fue hasta 1900 cuando De Vries, Correns y Tschermak redescubrieron de forma independiente los experimentos de Mendel. Estos tres botánicos, que trabajaban sin conocerse entre sí, llegaron por separado a las mismas leyes de la herencia mientras estudiaban distintos híbridos de plantas. Al revisar la bibliografía antes de publicar sus resultados, se sorprendieron al descubrir que Mendel ya había descrito esos principios décadas antes. Así, sus propios experimentos confirmaron lo que Mendel había observado y, gracias a ellos, las leyes de Mendel empezaron a difundirse en el mundo científico. Con el paso del tiempo, quedó claro que las leyes de Mendel eran universales y se aplicaban a todos los organismos, por lo que se convirtieron en un pilar central de la biología. Así, los guisantes se ganaron un lugar en la historia de la ciencia.

Los colores del maíz y el genoma en movimiento

Muchos de los grandes avances en genética se han logrado gracias al estudio de plantas modelo, especies fáciles de cultivar, como acabamos de ver con los guisantes de Mendel o con *Arabidopsis thaliana*, la planta de estudio por excelencia. Otra especie importante es el maíz, clave para la alimentación humana y que, además, ha resultado extraordinariamente útil para comprender el funcionamiento de los genes, especialmente en las plantas que producen semillas de distintos colores. Dado que cada grano contiene un embrión procedente de una fecundación individual, se pueden analizar cientos de descendientes en una sola mazorca, lo que convierte al maíz en un organismo ideal para el análisis genético.

Fue precisamente mientras estudiaba los patrones de color de los granos de maíz cuando la botánica estadounidense Barbara McClintock realizó uno de los descubrimientos más sorprendentes de la biología moderna: la existencia de los elementos transponibles, también conocidos como genes saltarines. McClintock se matriculó en la Facultad de Agronomía de Cornell en 1919 y pronto se interesó por la mejora vegetal, a pesar de que la genética aún no había sido totalmente aceptada por la comunidad científica, ya que apenas habían transcurrido 20 años desde el redescubrimiento de las leyes de Mendel. Se especializó en citogenética del maíz y supo ver el potencial que implicaba el estudio de la estructura de los cromosomas. Analizó las características hereditarias de esta planta y demostró que ciertos elementos genéticos pueden cambiar de posición en el genoma, lo que modifica la expresión de los genes en los que se insertan. Sus ideas revolucionarias fueron muy importantes, ya que sentaron las bases para conocer más profundamente los procesos hereditarios y potenciaron el desarrollo posterior de la genética.

En aquella época, se asumía que los genes ocupaban posiciones fijas en los cromosomas y que el genoma era una estructura estable. La idea de que algunas partes del ADN pudieran moverse resultaba casi impensable. Por eso, cuando McClintock propuso que el genoma era dinámico y capaz de reorganizarse y modificarse, sus conclusiones fueron recibidas con escepticismo e incluso rechazo.

Cada grano de maíz dentro de una mazorca se origina tras el proceso de doble fecundación y puede considerarse un individuo independiente. Como hemos visto en capítulos anteriores, durante este proceso, un núcleo espermático del grano de polen se fusiona con el núcleo del gameto femenino y forma un cigoto diploide, mientras que el otro se fusiona con los dos núcleos polares para formar un endospermo triploide. Es en la capa más externa del endospermo, llamada aleurona, donde se acumulan los pigmentos que dan color a los granos de maíz. Tras años de cruces rigurosamente planificados, McClintock descubrió que ciertos genes podían moverse dentro del genoma, es decir, podían insertarse en otros genes o abandonarlos, activándolos o silenciándolos según el momento del desarrollo en que se produjera ese desplazamiento. Este comportamiento explicaba la extraordinaria variedad de patrones observados en los granos de maíz: algunos eran completamente claros; otros, totalmente oscuros y otros presentaban manchas o vetas de color. Todo dependía de cuándo y dónde "saltaban" estos elementos genéticos durante el desarrollo del grano.

Además de los genes saltarines, McClintock fue también una pionera de la citogenética, la disciplina que relaciona la genética con el estudio de los cromosomas. Ya en la década de 1930, aportó pruebas concluyentes de que los genes están físicamente localizados en los cromosomas y pueden intercambiarse durante la reproducción, allanando el camino para la genética moderna. De forma aún más visionaria, McClintock intuyó conceptos que hoy asociamos con la epigenética. Observó que genes idénticos podían activarse o silenciarse sin que cambiara la secuencia del ADN, adelantándose décadas a una de las áreas más activas de la biología actual.

Con el tiempo, se hizo evidente la importancia de los elementos transponibles, que hoy sabemos que constituyen una gran parte de los genomas y desempeñan un papel clave en la evolución, la diversidad genética y la regulación de los genes. A pesar de que realizó sus descubrimientos más relevantes en las décadas de los cuarenta y cincuenta del siglo pasado, no recibió el Premio Nobel de Fisiología o Medicina hasta treinta años después, en 1983, debido al escepticismo que generaron sus ideas innovadoras entre sus colegas. Afortunadamente, Barbara McClintock era perseverante y siempre fue consciente de lo que había logrado, tanto en su faceta de científica como de ejemplo para otras mujeres. Continuó investigando en el prestigioso laboratorio de Cold Spring Harbor como profesora emérita hasta 1992, cuando falleció a los 90 años. Su historia es un claro ejemplo de cómo la ciencia avanza gracias a la observación paciente, la creatividad y la valentía intelectual para cuestionar las ideas establecidas. Y, una vez más, todo empezó con algo tan cotidiano como las semillas de maíz, una planta cultivada desde hace siglos.

El trigo de la revolución verde

Si paseamos hoy por un campo de trigo, veremos que está dominado por plantas bajas, compactas y robustas, seleccionadas para producir más grano y resistir mejor al viento y a la lluvia. Pero, hace menos de cien años, el paisaje era muy distinto: el trigo era alto y flexible, con largos tallos que se mecían con facilidad y que, al doblarse, reducían la cosecha. El paso de las variedades tradicionales de trigo altas al trigo enano marcó una transformación decisiva en la historia de la agricultura, que alteró para siempre la fisonomía de los campos y la capacidad de alimentar a millones de personas.

La revolución verde comenzó en 1944, cuando el ingeniero agrónomo estadounidense Norman Borlaug (1914-2009) llegó al valle del Yaqui, en el noroeste de México, gracias a la colaboración entre la Fundación Rockefeller y el Gobierno mexicano. Juntos pusieron en marcha un programa de investigación para aumentar la autosuficiencia del país en la producción de cereales. Su objetivo era desarrollar variedades de trigo más productivas y resistentes a enfermedades como la roya del tallo, en un contexto marcado por el temor a grandes hambrunas. Para ello, Borlaug estableció estaciones experimentales en distintos puntos del país y cruzó las variedades de trigo hasta que, mediante un programa de selección e hibridación, desarrolló trigos enanos de alto rendimiento, con tallos cortos y resistentes que evitaban que las plantas se doblaran. En la actualidad, la mayoría de las variedades cultivadas expresan alelos de altura reducida (*reduced height*, Rht) y dan lugar a plantas más bajas con mayor producción de grano, a costa de la biomasa de la paja, y con mayor resistencia al encamado provocado por el viento y la lluvia. El gen Rht, conocido como el gen de la revolución verde, sintetiza una versión mutada de las proteínas DELLA, llamadas así por una secuencia de cinco aminoácidos presentes en ellas (ácido aspártico [D], ácido glutámico [E], leucina [L], leucina [L] y alanina [A]), lo que hace que las plantas sean insensibles a los efectos de las giberelinas, que son las hormonas clave en el crecimiento vegetal.

Además, Borlaug perfeccionó las técnicas tradicionales de cultivo, estableciendo la profundidad de siembra adecuada, la distancia entre plantas y la cantidad correcta de fertilizantes y agua de riego para maximizar la producción, lo que hizo que la productividad del trigo en México aumentara de forma considerable. Lo que comenzó como un experimento acabó revolucionando la agricultura mundial. Sus métodos se extendieron a países en desarrollo, como la India y Pakistán, donde los rendimientos del trigo se triplicaron entre los años 1960 y 2000. Estos avances evitaron las hambrunas masivas que muchos expertos habían pronosticado y condujeron a que la producción de alimentos creciera al ritmo del aumento de la población mundial.

Debido a su enorme impacto humanitario, Borlaug recibió el Premio Nobel de la Paz en 1970, pero advirtió que, aunque la revolución verde había supuesto un gran avance, no era una solución definitiva y debía ir acompañada de mejoras en educación, empleo, vivienda y salud. De hecho, la revolución verde también tuvo consecuencias negativas. El uso masivo de pesticidas como el DDT (dicloro difenil tricloroetano), la expansión de los monocultivos y el consumo excesivo de agua provocaron la degradación del suelo, la escasez de recursos hídricos y dificultades económicas para los agricultores más pobres. Con el tiempo, muchos países, México incluido, volvieron a perder su autosuficiencia alimentaria.

En la actualidad, la agricultura se enfrenta a una nueva revolución centrada en la sostenibilidad. La ciencia vuelve a desempeñar un papel fundamental a través del control biológico de plagas, la tecnología de edición genética CRISPR, los sistemas de riego eficientes y las tecnologías que reducen el impacto medioambiental. El reto actual consiste en aprovechar estos avances para alimentar a la población mundial sin comprometer el equilibrio medioambiental.

CAPÍTULO 9

Bajo la lupa de la ley

Como hemos visto en estas páginas, las semillas son la base de la agricultura y de la biodiversidad, por lo que es necesario garantizar su conservación y uso responsable mediante leyes y acuerdos nacionales e internacionales que regulen su manejo e intercambio. Estas normativas son fundamentales, ya que protegen la diversidad biológica, garantizan una producción agrícola sostenible y aseguran el futuro de la alimentación en todo el mundo.

Legislación nacional para la protección de nuestras semillas

España es uno de los países con mayor biodiversidad biológica de la Unión Europea debido a su posición geográfica y a su diversidad geológica y climática. La conservación y el uso de esta riqueza biológica están regulados por diversas normas, entre las que destaca la Ley 30/2006, que regula la producción, comercialización y uso de semillas y plantas de vivero, así como la conservación de los recursos fitogenéticos para la agricultura y la alimentación. Esta ley establece los criterios de clasificación, certificación y calidad de las semillas, así como los requisitos de registro, trazabilidad, comercialización y sanidad vegetal.

En primer lugar, es importante saber que existen tres tipos de semillas según su uso: agrícolas (para cultivos comerciales), vegetales (para viveros) y forestales (para plantaciones forestales) según se indica en el *BOE*, n.º 135 del 6 de junio de 1986. Estas, a su vez, se clasifican en semillas certificadas, de selección y de producción. Las semillas certificadas deben cumplir los requisitos oficiales de calidad y su comercialización está avalada por una etiqueta emitida por una entidad autorizada que garantiza la variedad, el lote y la pureza. Esta certificación garantiza su idoneidad para la siembra en campañas comerciales. Además, tienen trazabilidad completa, control de pureza varietal y una germinación conforme a la normativa vigente, por lo que son aptas para su uso en cultivos comerciales. Por otro lado, están las semillas de selección, que se obtienen mediante selección controlada para preservar características específicas, pero no tienen certificación oficial ni etiqueta. Estas semillas se destinan a ensayos, programas de mejora genética o distribución controlada. Por último, están las semillas de producción regulada, cuyo uso está sujeto a normativas específicas relacionadas con la sanidad, la trazabilidad y las posibles autorizaciones para el manejo de recursos genéticos. Se distribuyen mediante acuerdos que establecen condiciones de producción, control de plagas y auditorías, y que garantizan el cumplimiento de la normativa.

El proceso de certificación de las semillas

El comercio de semillas y plantas de vivero está regulado por la normativa nacional, basada en la legislación de la Unión Europea, y solo es legal si se realiza dentro de un sistema de certificación oficialmente reconocido. Cualquier actividad comercial que se realice al margen de este sistema es ilegal. La certificación de semillas es esencial para garantizar la calidad y la seguridad de agricultores, obtentores y consumidores finales. El proceso de certificación incluye la verificación e inspección de las semillas y plantas de vivero desde su origen, en todas las etapas de producción en campo, selección y acondicionamiento, así como durante su almacenamiento y comercialización, según unas estrictas normas de calidad previamente establecidas. Para certificar un lote de semillas, el primer paso es que el productor, el vivero o la empresa cuenten con la autorización del órgano de control responsable de la comunidad autónoma correspondiente. Posteriormente, deben inscribirse en el Registro Nacional de Proveedores.

A continuación, el lote de semillas se somete a diversos ensayos de calidad, como pruebas de germinación, vigor, pureza y sanidad, y se emite el correspondiente certificado oficial. A lo largo de toda la cadena de producción se llevan a cabo controles y seguimientos periódicos para garantizar la calidad del producto. Los criterios de calidad que deben cumplir las semillas se basan en el porcentaje mínimo de germinación exigido y en su viabilidad. Se considera que una semilla es viable cuando, al ser sometida a condiciones adecuadas, presenta la capacidad de germinar y dar lugar al desarrollo de una planta normal. También se tiene en cuenta la pureza del lote, que se define como el porcentaje de semillas de la misma especie presentes en una muestra, excluyendo cualquier tipo de impurezas (semillas de otras especies, restos de tierra, piedras, semillas dañadas, etc.). Asimismo, se evalúa la sanidad de las semillas para comprobar la ausencia de plagas y enfermedades, así como la correcta identificación mediante el etiquetado y la documentación que acompaña a cada lote. Tanto la etiqueta como la documentación deben estar siempre asociadas al lote de semillas e incluir información esencial, como la especie, la variedad, la procedencia, el número de lote, los valores de pureza y germinación y los tratamientos aplicados, en caso de que los hubiera. También deben figurar los datos de la entidad certificadora, lo que garantiza la trazabilidad, es decir, el registro detallado de todas las operaciones realizadas desde la siembra de la planta madre hasta la venta final a los agricultores, incluyendo el control de los lotes, los movimientos y los operadores que intervienen a lo largo de toda la cadena de producción. El registro y la supervisión del proceso corresponden a los organismos competentes (ministerio o consejerías de agricultura), mientras que las agencias de certificación son las responsables de llevar a cabo las inspecciones y auditorías correspondientes.

El marco legislativo para la conservación de la biodiversidad

La Ley 42/2007, de Patrimonio Natural y de la Biodiversidad, establece el marco jurídico para la protección de la biodiversidad en España, incluidas las semillas y los recursos genéticos esenciales para la agricultura y los ecosistemas. Esta normativa se alinea con los compromisos internacionales y europeos en materia de conservación y uso sostenible. La ley se basa en la conservación de la biodiversidad y la geodiversidad, así como en el uso sostenible de los recursos, prestando especial atención a las variedades autóctonas y al material genético valioso en el presente y en el futuro. Para ello, reconoce el papel de los bancos de germoplasma, que garantizan la conservación, documentación y disponibilidad controlada de las semillas y los recursos genéticos, junto con la información sobre su origen y características. La normativa también exige que cualquier actividad relacionada con las semillas respete los hábitats y las especies protegidas, y somete la introducción de nuevo material vegetal a evaluaciones de impacto ambiental y a los correspondientes permisos. La trazabilidad y la bioseguridad son elementos clave para para evitar los riesgos sanitarios y ambientales. Por último, la ley fomenta la cooperación entre instituciones, comunidades agrícolas y administraciones públicas para promover acuerdos de uso y conservación compartida de los recursos genéticos. En conjunto, la ley integra conservación, ciencia y participación social para garantizar la preservación sostenible de la biodiversidad en España.

Las especies silvestres también entienden de leyes

El Real Decreto 139/2011 para el desarrollo del Listado de Especies Silvestres en Régimen de Protección Especial y del Catálogo Español de Especies Amenazadas establece el marco legal para la protección de la flora y la fauna en España, en desarrollo de lo dispuesto en la Ley 42/2007 del Patrimonio Natural y de la Biodiversidad. El objetivo principal de este real decreto es garantizar la conservación de las especies más vulnerables mediante la creación de un listado de especies protegidas y un catálogo que clasifica aquellas que se encuentran en peligro de extinción o en situación vulnerable.

Como ya hemos mencionado, las semillas son una parte esencial del ciclo biológico de las especies vegetales. En el caso de las especies silvestres, su papel es igualmente fundamental, ya que son la base de los ecosistemas naturales, que dependen de ellas para subsistir y regenerarse. En ellas se concentra la capacidad de regeneración de las plantas y una enorme diversidad genética que permite a las diferentes especies adaptarse a los cambios ambientales, las plagas o las sequías. Gracias a las semillas, los paisajes se renuevan tras los incendios o el paso de las estaciones, manteniendo el equilibrio entre plantas, animales y microorganismos. Además, los parientes silvestres de las plantas cultivadas son un recurso cada vez más importante para aumentar la producción agrícola y mantener ecosistemas agrícolas sostenibles. La selección natural a la que se ven sometidos en sus hábitats ha dado lugar a un conjunto de genes de adaptación a diversas condiciones que pueden introducirse en las plantas cultivadas mediante programas de mejora. Por tanto, protegerlas y conservarlas significa, en esencia, preservar la resiliencia de la naturaleza y garantizar la continuidad de la biodiversidad vegetal.

Esta normativa regula su recolección, posesión, transporte y utilización, con el fin de evitar su explotación o comercio sin autorización. Además, promueve medidas de conservación como la creación de bancos de germoplasma y programas de conservación *ex situ*, que permiten preservar las semillas de especies amenazadas con el fin de estudiarlas, recuperarlas y, en su caso, reintroducirlas en el medio natural.

Legislación internacional: un marco global para la conservación

A nivel mundial, la conservación de semillas y de los recursos genéticos está respaldada por diversos acuerdos internacionales que coordinan los esfuerzos entre países para proteger la biodiversidad global. Este marco de cooperación se remonta a la Conferencia de la ONU sobre el Medio Ambiente Humano, celebrada en Estocolmo (Suecia) en 1972, que supuso un gran impulso para las políticas de conservación y dio lugar a la creación del Programa de la ONU para el Medio Ambiente (PNUMA). Posteriormente, en 1980, se publicó la Estrategia Mundial para la Conservación, elaborada por la Unión Internacional para la Conservación de la Naturaleza (UICN), el Programa de la ONU para el Medio Ambiente (PNUMA) y el Fondo Mundial para la Naturaleza (WWF).

En 1982, la Asamblea General de la ONU adoptó la Carta Mundial de la Naturaleza, que reconoce que la humanidad forma parte de la naturaleza y que la vida depende del funcionamiento continuo de los sistemas naturales. En 1983 se creó la Comisión Mundial sobre Medio Ambiente y Desarrollo, que impulsó la elaboración del *Informe Brundtland*, publicado en 1987 con el título *Nuestro futuro común*. Dicho informe concluyó que los problemas ambientales son de alcance global y que el desarrollo y la protección del medioambiente están estrechamente vinculados, de modo que no es posible abordar los desafíos ambientales sin reducir simultáneamente la pobreza.

Con estos antecedentes, en 1992 se celebró en Río de Janeiro (Brasil) la reunión más importante de dirigentes mundiales en la Conferencia de la ONU sobre Medio Ambiente y Desarrollo (CNUMAD), también conocida como Cumbre de la Tierra o Cumbre de Río. En ella se adoptó uno de los principales instrumentos para proteger la biodiversidad de nuestro planeta: el Convenio sobre la Diversidad Biológica (CBD). Este convenio reconoce la biodiversidad como patrimonio común de la humanidad y promueve su conservación, uso sostenible y distribución justa de los beneficios derivados de los recursos genéticos. Esto implica que la ciudadanía debe respetar las normas que regulan el acceso a dichos recursos y colaborar activamente en su conservación.

El CBD fue firmado inicialmente por 150 países, entre ellos España, que lo ratificó en 1993, año en que entró en vigor. En la actualidad, el CBD es el principal tratado internacional y foro de discusión sobre la biodiversidad y se ha ampliado a 196 países. Este convenio aborda numerosos aspectos y destaca por su carácter innovador frente a los tratados anteriores. Con el fin de reforzar su aplicación, en la Cumbre Mundial sobre el Desarrollo Sostenible celebrada en Johannesburgo (Sudáfrica) en 2002, se promovió la negociación de un régimen internacional que garantizara una participación justa y equitativa en los beneficios derivados del uso de los recursos genéticos. Ese mismo año, las partes del CBD aprobaron las directrices de Bonn (Alemania), unas pautas voluntarias que, por primera vez, sistematizaron muchos elementos del mecanismo de acceso y distribución de beneficios (ABS, por sus siglas en inglés *access and benefit sharing*) previsto en el CBD. El sistema ABS se centra en tres aspectos clave:

- Obtener recursos genéticos con el consentimiento informado del país de origen y, cuando corresponda, de las comunidades locales e indígenas que posean conocimientos tradicionales.
- Negociar acuerdos de distribución de beneficios, monetarios o no, con criterios claros.
- Reconocer la participación, los derechos y los conocimientos de las comunidades implicadas en la utilización de recursos genéticos vinculados a sus saberes tradicionales.

El Tratado Internacional sobre los Recursos Fitogenéticos para la Alimentación y la Agricultura

Este Tratado, gestionado por la FAO, establece un marco para el intercambio de semillas y conocimientos entre países y tiene como objetivos la conservación y el uso sostenible de estos recursos, así como la distribución justa y equitativa de los beneficios derivados de su utilización. También reconoce la valiosa contribución de las agricultoras y los agricultores de todo el mundo a la diversidad de los cultivos que alimentan al planeta, establece un sistema global que brinda a quienes trabajan en la agricultura, en la mejora vegetal y en la ciencia un acceso fácil y gratuito a los materiales, y garantiza que los beneficios obtenidos del uso de estos materiales en la mejora de las variedades cultivadas o en biotecnología se compartan de manera justa. Todo ello se lleva a cabo en consonancia con el CBD, fomentando una agricultura sostenible y garantizando la seguridad alimentaria.

En 1983, la FAO estableció el Sistema Mundial para la Conservación y Utilización de los Recursos Fitogenéticos para la Agricultura y la Alimentación. Los dos componentes principales del sistema son la Comisión de Recursos Fitogenéticos y el Compromiso Internacional sobre los Recursos Fitogenéticos. Aunque no es vinculante, este último fue el primer acuerdo amplio sobre dichos recursos, aprobado en la conferencia de la FAO de 1983 y suscrito por 113 países. Es importante destacar la labor de José Esquinas Alcázar, español y secretario de la Comisión de Recursos Genéticos, quien desempeñó un papel clave a lo largo de todo el proceso. España también desempeñó un papel muy activo desde el principio: en 1979, presentó la primera propuesta para un acuerdo internacional sobre recursos genéticos en la conferencia de la FAO; en 1983, desbloqueó las negociaciones al ofrecer su banco nacional de germoplasma para la conservación de colecciones de recursos fitogenéticos de todo el mundo, y en 1987, presentó la primera propuesta para el desarrollo de los derechos del agricultor. En 1996 se dio un nuevo paso importante con la aprobación del Plan de Acción Mundial durante la Conferencia Técnica Internacional sobre Recursos Fitogenéticos celebrada en Leipzig (Alemania). Todo este proceso culminó en 2001 con la aprobación histórica del Tratado Internacional sobre Recursos Fitogenéticos para la Alimentación y la Agricultura, que entró en vigor el 29 de junio de 2004. A fecha de 1 de noviembre de 2025, el Tratado cuenta con 155 países firmantes, lo que refleja su reconocimiento global.

La verdadera innovación del Tratado Internacional fue el establecimiento del Sistema Multilateral, que abarca 64 de los cultivos más importantes, los cuales representan, en conjunto, el 80% de los alimentos de origen vegetal. Este sistema constituye un fondo mundial de recursos genéticos de fácil acceso y gratuito para los países que han ratificado el Tratado, siempre que se utilice para los fines autorizados. Al ratificarlo, los países ponen a disposición su diversidad genética y la información asociada en los bancos de germoplasma, lo que permite al sector público y privado trabajar con estos materiales para fomentar la investigación, la innovación y el intercambio de información. Además, el sistema crea oportunidades para que los países desarrollados utilicen su tecnología y laboratorios en beneficio de los recursos generados por los agricultores de los países en desarrollo.

Los recursos del Sistema Multilateral se utilizan para la investigación, la mejora y la capacitación. Cuando los productos comerciales derivados no pueden utilizarse libremente, como las variedades protegidas, se comparte una parte de los beneficios; si pueden utilizarse libremente, el pago es voluntario. El Tratado incluye una estrategia de financiación para apoyar a los pequeños agricultores de países en desarrollo y distribuye los beneficios mediante información, formación, acceso a la tecnología y aportaciones monetarias. Además, reconoce los derechos de los agricultores, protege los conocimientos tradicionales y asegura su participación en la distribución de beneficios y en la adopción de decisiones a nivel nacional.

El Protocolo de Nagoya

En la COP-7, la séptima Conferencia de las Partes sobre el Cambio Climático, se instó al Grupo de Trabajo de ABS a que elaborara y negociara un régimen internacional que incluyera un mayor número de especies. Tras seis años de negociaciones, el 29 de octubre de 2010, en la COP-10 celebrada en Nagoya (Japón), se adoptó el Protocolo de Nagoya. Este protocolo es un instrumento internacional que complementa el CDB en lo relativo al acceso a los recursos genéticos y a la participación justa y equitativa en los beneficios (ABS). Su objetivo es proporcionar mayor certeza y transparencia jurídica tanto a los proveedores como a los usuarios de los recursos genéticos. Para ello, establece obligaciones concretas que cada parte debe cumplir para asegurar el respeto a la legislación y requisitos nacionales del país proveedor, así como la cooperación mutuamente acordada en la utilización de recursos genéticos, incluidas las semillas.

El acceso a los recursos fitogenéticos

Para garantizar el acceso a los recursos fitogenéticos, existe una amplia legislación internacional. El Sistema Multilateral del Tratado Internacional se limita a 35 cultivos destinados a la alimentación humana y 29 especies forrajeras, elegidos por su interdependencia y relevancia para la seguridad alimentaria. Estos cultivos se conservan *in situ* o *ex situ*, son de dominio público y están bajo control administrativo. La lista completa de especies se puede consultar en el anexo I del Tratado. Tanto el acceso a estos recursos como su transferencia a terceros y la distribución de beneficios se rigen por los términos del Acuerdo Normalizado de Transferencia de Material (ANTM), un formulario obligatorio para proporcionar y recibir recursos dentro del Sistema Multilateral que garantiza el cumplimiento de las disposiciones del Tratado relativas al acceso y la distribución de beneficios. Aunque se trata de un acuerdo privado entre proveedores y receptores, la FAO, como tercera parte beneficiaria, supervisa su aplicación. Para facilitar su uso, el Tratado ha desarrollado Easy-SMTA, un sistema informático que permite cumplimentar los ANTM en los seis idiomas oficiales y presentar las declaraciones correspondientes.

Si los recursos fitogenéticos no forman parte del Tratado Internacional o se van a utilizar con fines distintos a los establecidos en él, el acceso se regula mediante el Protocolo de Nagoya, siempre que se vaya a realizar cualquier actividad de investigación y desarrollo sobre su composición genética o bioquímica, incluida la aplicación de la biotecnología, tal y como lo define la Ley 42/2007, de Patrimonio Natural y de la Biodiversidad. Cuando se solicite o done un recurso genético de origen español, como semillas, será de aplicación el Real Decreto 124/2017, que regula el acceso a los recursos genéticos de la flora silvestre y su utilización de acuerdo con el Protocolo de Nagoya. En este caso, será necesario obtener el consentimiento previo e informado del propietario o del país de origen, establecer las condiciones sobre los beneficios que recibirán las comunidades o los países de origen y contar con un certificado de cumplimiento emitido por la autoridad nacional competente, que adquiere validez internacional cuando se notifica al Mecanismo de Facilitación de Información sobre ABS. Además, los países pueden establecer puntos de control para exigir la presentación de este certificado y de la información sobre los recursos utilizados, lo que convierte al Protocolo de Nagoya en un instrumento innovador de cumplimiento internacional. Se establecen dos tipos de procedimientos, en función de si la utilización prevista de los recursos fitogenéticos solicitados tiene o no fines comerciales.

Cuando no se cumplen los criterios establecidos en el Tratado Internacional o en el Protocolo de Nagoya, se aplican las disposiciones de la Ley 30/2006 y el procedimiento reglamentario correspondiente. La autoridad competente podrá otorgar un acuerdo de transferencia de material si procede. Además, las colecciones de recursos fitogenéticos pueden proporcionar pequeñas cantidades de material a los agricultores para su cultivo en la propia explotación, siempre que no se trate de variedades registradas.

Como ciudadanía global, nuestro papel es fundamental para aplicar y cumplir estas leyes y acuerdos. Al conocerlas, podemos orientar a agricultores, instituciones y gobiernos para promover una agricultura responsable, respetuosa con la biodiversidad y alineada con las normativas internacionales. Además, nos ayuda a comprender que conservar semillas es un acto de responsabilidad social y ética clave para garantizar la seguridad alimentaria y la sostenibilidad del planeta.

Epílogo

A lo largo de los capítulos de este libro hemos abordado diferentes cuestiones y quizá la de mayor alcance sea el papel protagonista de las semillas en el origen y en el desarrollo de la agricultura y su influencia en la relación de los seres humanos con el medioambiente. La agricultura moderna ha supuesto un claro avance en muchos aspectos, pero tiende a emplear un número reducido de variedades de las especies que se cultivan, lo que, como ya sabemos, limita la diversidad genética de nuestros campos, con los consiguientes riesgos. Vivimos en un mundo en el que las crisis ambientales son cada vez más frecuentes y en el que la inseguridad alimentaria, entendida como la falta de acceso continuo a alimentos suficientes, seguros y nutritivos que permitan llevar una vida sana y activa, está en aumento. Según la ONU, el objetivo de hambre cero para el año 2030 está lejos de alcanzarse pues en 2020, alrededor de 800 millones de personas padecieron hambre y casi un tercio de la población mundial no tuvo acceso a una alimentación adecuada.

Hoy en día tenemos muy claro que imprescindible preservar la agrobiodiversidad contenida en los millones de semillas diferentes que existen. Gracias a las iniciativas que promueven su conservación, hemos sido capaces de proteger el valioso acervo genético que ha hecho que las plantas se adaptasen a lo largo del tiempo a diferentes condiciones ambientales y de cultivo. Esta diversidad nos ha regalado un gran repertorio de genes que han hecho que las plantas sean resistentes a las plagas, a las enfermedades, a las sequías, a las olas de calor y a las inundaciones, y al mismo tiempo nos ha brindado un catálogo casi infinito de formas, colores y sabores que están presentes en las semillas que utilizamos para todo lo que podamos imaginar. ¿Quién habría pensado que una simple espiga de trigo podría inspirar la mitología griega?

Sabemos cómo conservar los recursos fitogenéticos y qué programas gubernamentales se han puesto en marcha en todo el mundo para protegerlos. La preservación de este patrimonio está en nuestras manos y en muchos lugares son las iniciativas ciudadanas, como huertos comunitarios, asociaciones rurales y redes de intercambio de semillas, las que lo hacen posible. Si quisiéramos montar un banco de semillas en casa o en una asociación vecina, ya sabemos que lo primero que deberíamos hacer es elegir un espacio adecuado que sea fresco y seco. También será imprescindible que controlemos en todo momento la humedad y la temperatura de las semillas y que las conservemos en envases herméticos, las etiquetemos correctamente y llevemos un registro organizado del material con el que contamos. No debemos olvidar que las semillas son un recurso ecosistémico fundamental y que a la vez están para compartirlas e intercambiarlas, así que tendremos que tejer lazos de colaboración con la comunidad para asegurarnos de que nuestro banco sea útil para todos. Es posible, incluso que tengamos que viajar a Perú o a la India para aprender sobre sus iniciativas de intercambio de semillas.

Ahora somos más conscientes del valor histórico y cultural de las semillas, ya que son el resultado de siglos de adaptación, que contienen los saberes y reflejan la relación del ser humano con su entorno, más allá de su de su importancia para garantizar la agricultura sostenible en el futuro. Hemos aprendido que es esencial preservar y estudiar los conocimientos y las prácticas tradicionales que están relacionados con la biodiversidad. Según la definición que aparece en el

Inventario Español de Conocimientos Tradicionales relativos a la Biodiversidad, realizado por el Ministerio para la Transición Ecológica y el Reto Demográfico, los conocimientos tradicionales son el "conjunto de saberes, valores, creencias y prácticas concebidos a partir de la experiencia de adaptación al entorno local a lo largo del tiempo, compartidos y valorados por una comunidad y transmitidos de generación en generación".

Al optar por semillas de plantas que se desarrollan en unas condiciones ambientales determinadas, las comunidades rurales pueden cultivar variedades que se adapten mejor a los climas locales y que sean más resistentes a las fluctuaciones de la temperatura, las condiciones meteorológicas extremas y otros desafíos que plantea el cambio climático. Por ejemplo, las semillas que han sobrevivido de forma natural en regiones con menos agua, estarán más adaptadas para ser cultivadas en áreas propensas a la sequía, algo cada vez más importante a medida que los fenómenos meteorológicos extremos se vuelven más habituales.

Los métodos que nuestros antepasados empleaban para seleccionar, guardar e intercambiar semillas han sustentado a las comunidades agrarias durante miles de años. Es fundamental mantener vivas estas prácticas para proteger la diversidad de los cultivos, fortalecer los sistemas alimentarios locales y garantizar que las generaciones futuras puedan cultivar variedades resistentes y adaptadas a su entorno. Al preservar los conocimientos tradicionales, fomentamos la biodiversidad y empoderamos a las personas para que cultiven sus propios alimentos. De este modo, avanzaremos hacia un mundo más sostenible y con mayor soberanía alimentaria. En conclusión, la conservación de semillas es una práctica atemporal que conecta el pasado con el futuro. Es una tradición arraigada en la resiliencia, la adaptabilidad y el respeto por el medioambiente. Al seguir conservando semillas, honramos los conocimientos de quienes nos precedieron y garantizamos un futuro más sostenible y resiliente para las generaciones venideras.

En este camino, no podemos pasar por alto la contribución de las semillas a la ciencia moderna. Los guisantes, con sus diferentes colores y formas, dieron origen a las leyes que explican la herencia genética, mientras que el estudio de los granos de maíz abrió un inmenso campo de investigación sobre la regulación de los genomas de todos los seres vivos. Un ejemplo más reciente es el arroz dorado, una variedad genéticamente modificada para producir beta-caroteno en el grano, que ayuda a combatir la deficiencia de vitamina A en regiones vulnerables del planeta. Su patente se cedió para permitir su uso en proyectos humanitarios, lo que demuestra que las semillas están vinculadas a la ciencia y a la sociedad. Además, las nuevas técnicas de edición génica abren un mundo de posibilidades hasta ahora poco explorado y, en los próximos años, prometen avances sorprendentes en la mejora de los cultivos y la nutrición.

En este libro hemos recogido algunos de los ejemplos que nos han enseñado que las semillas son mucho más que el proyecto de una planta futura. Somos conscientes de que la amplitud del tema hace inevitable que queden muchos aspectos sin tratar y que no se respondan todas las preguntas que hayan surgido. En todo caso, habremos cumplido nuestro propósito si estas páginas invitan a quienes las lean a profundizar en el fascinante mundo de las semillas.

Bibliografía

BEWLEY, J. D. *et al.* (2012): "Dormancy and the control of germination", en *Seeds: Physiology of Development, Germination and Dormancy, 3rd Edition*, Nueva York, Springer-Verlag, pp. 247-297.

BRIGGS, D. E. *et al.* (2004): "An outline of brewing", en *Brewing Science and Practice*, Cambridge, Woodhead Publishing, pp. 1-10.

CORNER, E. J. H. (1966): *The Natural History of Palms*, Londres, Weidenfeld y Nicolson.

FAO (s. f.): *Crop Biodiversity: Use It or Lose It*, Roma, Organización de las Naciones Unidas para la Alimentación y la Agricultura.

FERNÁNDEZ-PASCUAL, E. *et al.* (2019): "Seeds of future past: climate change and the thermal memory of plant reproductive traits", *Biological Reviews*, 94(2), pp. 439-456.

GLOWKA, L. (1996): *Guía del Convenio sobre la Diversidad Biológica (n.º 30)*, Cambridge, Unión Mundial para la Naturaleza (UICN).

GONZÁLEZ CARRETERO, L. *et al.* (2017): "A methodological approach to the study of archaeological cereal meals: a case study at Çatalhöyük East (Turkey)", *Vegetation History and Archaeobotany*, 26(4), pp. 415-432.

HARRIS, D. R. y HILLMAN, G. C. (2014): *Foraging and Farming: The Evolution of Plant Exploitation*, Londres y Nueva York, Routledge.

HAWKES, J. G. *et al.* (2012): *The Ex situ Conservation of Plant Genetic Resources*, Birmingham, Springer Science & Business Media.

HUERGA MELCÓN, P. (2022): *Vavilov en España: Una odisea en busca de la escanda*, Gijón, Rema y Vive.

INTERNATIONAL SEED TESTING ASSOCIATION (ISTA) (2025): *Reglas internacionales para el análisis de semillas*, Bassersdorf, ISTA.

KESSELER, R. y STUPPY, W. (2020): *Semillas. La vida en cápsulas de tiempo*, Madrid, Turner.

KING, M. W. y ROBERTS, E. H. (1979): *Storage of Recalcitrant Seeds-achievements and Possible Approaches*, Roma, International Board for Plant Genetic Resources, p. 96.

MARTIN, A. C. (1946): "The Comparative Internal Morphology of Seeds", *The American Midland Naturalist*, 36(3), pp. 513-660.

MCCLINTOCK, B. (1950): "The origin and behavior of mutable loci in maize", *Proceedings of the National Academy of Sciences*, 36(6), pp. 344-355.

MINISTRY OF AGRICULTURE AND FOOD (Norway) (s. f.): "Svalbard Global Seed Vault", https://n9.cl/tdrjki.

NAVASHIN, S. G. (1898): "Resultate einer Revision der Befruchtungsvorgänge bei *Lilium martagon* und *Fritillaria tenella, Bulletin de l'Académie Impériale des Sciences de St.-Pétersbourg*, 9(9), pp. 377-382.

NIJAR, G. S. *et al.* (2017): "La implementación del Protocolo de Nagoya sobre Acceso y Participación en los Beneficios (ABS) para el sector de la investigación: Experiencia y desafíos", *Acuerdos Ambientales Internacionales: Política, Derecho y Economia*, 17(5), pp. 607-621.

NORDIC GENETIC RESOURCE CENTRE (NORDGEN) (s. f.): Svalbard Global Seed Vault Seed Portal, https://n9.cl/wgvnon.

ORTIZ, R. *et al.* (2007): "Dedication: Norman E. Borlaug, the humanitarian plant scientist who changed the World", *Plant Breeding Reviews*, 28, pp. 1-37.

PARDO DE SANTAYANA, M. *et al.* (2014): *Inventario español de los conocimientos relativos a la biodiversidad*, Madrid, Ministerio para la Transición Ecológica y el Reto Demográfico.

RANDA, D. G. (2009): *Dioses y diosas de la fertilidad en las sociedades agrícolas antiguas* (tesis de maestría), California, California State University.

RAO, N. K. *et al.* (2007): *Manual para el manejo de semillas en bancos de germoplasma*, Roma, Bioversity International.

ROBERTS, E. H. (1973): "Predicting the storage life of sedes", *Seed Science and Technology*, 1(3), pp. 499-514.

SALLON, S. *et al.* (2008): "Germination, genetics, and growth of an ancient date seed", *Science*, 320(5882), pp. 1464-1464.

SÁNCHEZ PERONA, J. (2025): *El aceite de oliva y la salud*, colección ¿Qué sabemos de?, Madrid, CSIC-Catarata, Madrid.

VAVILOV, N. L. (1926): "Centers of Origin of Cultivated Plants", *Institute of Applied Botany and Plant Breeding*, 16(2).

YASHINA, S. *et al.* (2012): "Regeneration of whole fertile plants from 30,000-y-old fruit tissue buried in Siberian permafrost", *Proceedings of the National Academy of Sciences (PNAS)*, 109(10), pp. 4008-4013.

ZOHARY, D. *et al.* (2012): *Domestication of Plants in the Old World: The origin and spread of domesticated plants in Southwest Asia, Europe, and the Mediterranean Basin*, Oxford, Oxford University Press.

Títulos de la colección
¿Qué sabemos de?